AF197786

FRAGEN AN DAS
UNIVERSUM

Wer sind wir, woher kommen wir
und wohin gehen wir?

NEIL DeGRASSE TYSON
JAMES TREFIL

FRAGEN AN DAS
UNIVERSUM

Wer sind wir, woher kommen wir
und wohin gehen wir?

IMPRESSUM

Verantwortlich: Susanne Caesar
Übersetzung aus dem Amerikanischen:
Dieter Löffler
Lektorat: Dr. Juliane Braun
Korrektorat: Constanze Lüdicke
Satz: A flock of sheep, Marcus Taeschner
Umschlagadaption: Sophie Schillo
Herstellung: Bettina Schippel
Printed in Slovenia by Florjancic

Unser komplettes Programm finden Sie unter

 www.nationalgeographic-buch.de

Sind Sie mit diesem Titel zufrieden? Dann würden wir uns über Ihre Weiterempfehlung freuen. Erzählen Sie es im Freundeskreis, berichten Sie Ihrem Buchhändler oder bewerten Sie bei Onlinekauf. Und wenn Sie Kritik, Korrekturen, Aktualisierungen haben, freuen wir uns über Ihre Nachricht an Bruckmann Verlag, Postfach 40 02 09, D-80702 München oder per E-Mail an lektorat@verlagshaus.de.

In diesem Buch wird aus Gründen der besseren Lesbarkeit das generische Maskulinum verwendet. Weibliche und andere Geschlechteridentitäten werden dabei ausdrücklich mitgemeint, soweit es für die Aussage erforderlich ist.

Die Deutsche Nationalbibliothek verzeichnet diese Publikation in der Deutschen Nationalbibliografie; detaillierte bibliografische Daten sind im Internet über http://dnb.d-nb.de abrufbar.

Reproduktionen, Speicherungen in Datenverarbeitungsanlagen oder Netzwerken, Wiedergabe auf elektronischen, fotomechanischen oder ähnlichen Wegen, Funk oder vortrag, auch auszugsweise, nur mit ausdrücklicher Genehmigung des Copyrightinhabers.

NATIONAL GEOGRAPHIC and Yellow Border Design are trademarks of the National Geographic Society, used under license.

Titel der englischen Originalausgabe: *Cosmic Queries. Star Talk's Guide to Who We Are, How We Got Here, and Where We're Going.*

Copyright © 2021 Curved Light Productions, LLC. All rights reserved. Reproduction of the whole or any part of the contents without written permission from the publisher is prohibited.

Layout Innenteil: Melissa Farris & Sanaa Akkach
Bildnachweis: S. 299-301

Deutsche Ausgabe veröffentlicht von NG Buchverlag GmbH, Infanteriestr. 11a, 80797 München. Lizenznehmer von National Geographic Partners, LLC

This edition is published by NG Buchverlag GmbH through licensing agreement with National Geographic Partners, LLC.

Alle Rechte vorbehalten.

ISBN 978-3-86690-780-5

Seit ihrer Gründung 1888 hat sich die National Geographic Society weltweit an mehr als 14 000 Expeditionen, Forschungs- und Schutzprojekten beteiligt. Die Gesellschaft erhält Fördermittel von National Geographic Partners LLC, unterstützt unter anderem durch Ihren Kauf. Ein Teil der Einnahmen dieses Buches hilft uns bei der lebenswichtigen Arbeit zur Bewahrung unserer Welt. Das legendäre NATIONAL GEOGRAPHIC-Magazin erscheint monatlich. Darin veröffentlichen namhafte Fotografen ihre Bilder und renommierte Autoren berichten aus nahezu allen Wissensgebieten der Welt. National Geographic im TV ist ein Premium Dokumentations-Sender, der ein informatives und unterhaltsames Programm rund um die Themen Wissenschaft, Technik, Geschichte und Weltkulturen bereithält. Falls Sie mehr über National Geographic wissen wollen, besuchen Sie unsere Website unter **www.nationalgeographic.de**.

*Für alle, die neugierig
und rastlos sind
bei der Suche
nach unserem Platz
im Universum*

INHALT

Biolumineszenz vor der Küste des Acadia-Nationalparks in Maine, darüber der Sternen-himmel – vereintes Leuchten in einer Fotomontage. **Seite 2–3:** Computersimulation vom Zusammenstoß zweier Schwarzer Löcher.

VORBEMERKUNG DES AUTORS

S tarTalk ist eine US-amerikanische Talkshow, die auf mehreren Kanälen (Radio, Podcast, Fernsehen) zu Hause ist und Wissenschaft, Comedy und Popkultur vereint. In einer ihrer Sparten, den »Kosmischen Fragen«, beantworten wir während der Show Anfragen der Fans. Zu unserer Überraschung und Freude wurde dies zum beliebtesten Format. Aber die Zeit reicht nicht immer, um alles tiefgehend zu besprechen, denn darunter sind Themen wie: Wo kommt das alles her? Woraus besteht das alles? Sind wir im Universum allein? Wie wird das alles enden? Dafür braucht es ein Buch – aufgebaut und geschrieben im informativen, aber flotten Stil von *StarTalk*. Mein Co-Autor, Wissenschaftskollege und langjähriger Physiklehrer James Trefil schuf wichtige Grundlagen dafür und Lindsey N. Walker, Produzentin und Hauptautorin von *StarTalk*, arbeitete unermüdlich daran, dass das Buch den Stil des Podcasts widerspiegelt.

Die Diversität des Lebens auf der Erde: eine kolorierte Montage aus Bildern häufiger Pflanzensamen unter dem Elektronenmikroskop.

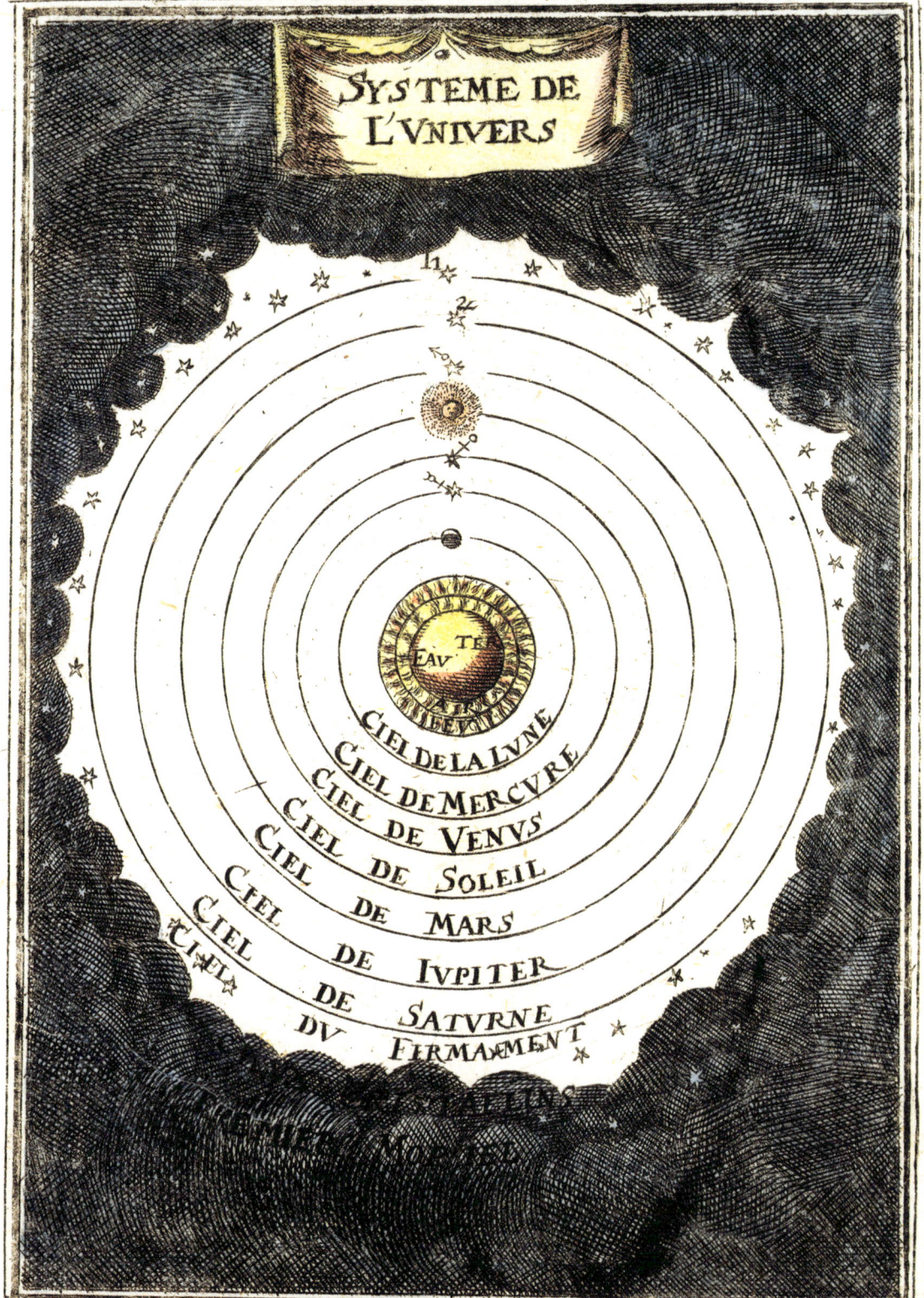

SYSTEME DE L'VNIVERS

CIEL DE LA LVNE
CIEL DE MERCVRE
CIEL DE VENVS
CIEL DE SOLEIL
CIEL DE MARS
CIEL DE IVPITER
CIEL DE SATVRNE
CIEL DV FIRMAMENT

EINFÜHRUNG

Das Universum ist ein Quell unbegrenzter Erkundungen und nimmt in unserer kollektiven Neugier einen ganz besonderen Platz ein. Das wird kaum jemand abstreiten. Zugleich ist es aber auch ein Quell unbegrenzter kollektiver Unwissenheit. Kein Wunder, dass der Himmel Heimat der meisten Götter ist, die die Menschen seit Jahrtausenden verehrten. Den Göttern gemeinsam ist die Aufgabe, all das zu kontrollieren, was uns Sterblichen geheimnisvoll erscheint und außerhalb unserer Kontrolle liegt.

In dem weiten Raum zwischen unserer großen Neugierde und den Grenzen unseres Wissens liegen eine Menge Fragen. Einige davon stellen wir uns alle – und einige von uns stellen sich alle davon. Nicht auf alle gibt es Antworten, und auch die können unvollständig oder unzulänglich sein. Für die verbleibenden Fragen können wir uns auf der Erde und im Himmel umsehen, um dann mit Zuversicht und etwas Stolz zu verkünden, dass zumindest einiges im Universum durch den menschlichen Geist erfassbar ist. Doch wir müssen uns auch demütig eingestehen, dass mit dem wachsenden Wissen zugleich auch unsere Unwissenheit zunimmt.

Fragen an das Universum wird Ihre Neugier befeuern: mit den tiefgründigsten Fragen zu unserem Platz im Universum, die je jemand stellte. Sie werden aber auch in den Strudel der Ungewissheit stürzen oder über Abgründen des Unwissens baumeln. Warum? Weil darin die wahre Quelle der Neugier liegt: im Nichtwissen – zusammen mit dem einzigen Gegenmittel, der Wissbegierde. Angetrieben werden beide durch die Methoden und Instrumente der Wissenschaft – bis hin zu den Grenzen des Weltalls.

Ein Schaubild für ein Buch von 1719, das die alte, erdzentrierte Weltsicht zeigt.

WAS IST UNSE

UNIVERSUM?

Sonnenuntergang über dem Pazifik, von der Internationalen Raumstation aus gesehen.

R PLATZ IM

I saac Newton und Aristoteles gehen in eine Bar. Sie diskutieren angeregt darüber, was wirklich geschieht, wenn ein Objekt auf die Erde fällt. Beide stellen sich den Vorgang vor, doch sie sehen ihn völlig unterschiedlich.

In Aristoteles' Welt besteht alles aus vier Grundelementen: Erde, Luft, Feuer und Wasser. Das Objekt besteht nur aus Erde und keinem der anderen drei Elemente. Es hat das inhärente Verlangen, ins Zentrum des Universums zu streben – aus Aristoteles' Sicht zugleich das Zentrum der Erde. Für ihn ist es selbstverständlich, dass alle himmlischen Körper um die Erde kreisen, die selbst stillsteht. Das Objekt ist durch seine innere Natur dazu gezwungen zu fallen.

Für Newton ist es nicht wichtig, woraus das Objekt besteht, nur, dass es eine Masse hat. Er weiß, dass die Erde auf jedes Objekt auf seiner Oberfläche eine Anziehungskraft ausübt. Sein Gesetz der universellen Gravitation sagt ihm, dass alles wegen dieser Kraft auf die Erde fällt.

Seit Jahrtausenden versuchen wir, unseren Platz im Kosmos zu verstehen.

Er weiß zudem, dass diese Kraft bis in das Weltall reicht. Sie hält auch den Mond in seiner Umlaufbahn, der ohne das konstante Zerren der Gravitation ins All davonfliegen würde.

Aristoteles bestellt einen Retsina, Newton einen Met. Über ihren Drinks diskutieren sie, wer recht hat. Newton schlägt einen einfachen Versuch vor: Nach seiner Theorie fällt alles gleich schnell auf die Erde – vernachlässigt man den Luftwiderstand. Für Aristoteles besitzt ein großes Objekt mehr »Erde« als ein kleines und fällt daher schneller, proportional zur Menge seiner Erdelemente. Sie bitten den Barmann um einen Penny und eine Flasche Bourbon und stellen fest, dass beide trotz unterschiedlicher Masse gleich schnell fallen. Newton macht deutlich, dass die Überprüfung unserer Ideen durch Versuche der Kern wissenschaftlicher Methodik ist. Sie führt durch ihre Suche nach objektiver Wahrheit zu grundlegenden Veränderungen des Mensch-seins und des Verständnisses von unserem Platz im Universum. Aristoteles zahlt die Drinks und die zerbrochene Flasche Bourbon.

IST DIE ERDE EIN PLANET?

Die Kosmologie der antiken Griechen dominierte mehr als tausend Jahre das Denken über unseren Platz im Universum. Danach war die Erde die unbewegliche Mitte des Kosmos, die Heimat allen Lebens. Alle Himmelskörper, wie die Sonne und die Sterne, bewegten sich um die Erde herum. Irdische Unvollkommenheiten erstreckten sich auch nicht bis in den Himmel, Sonne und Mond galten als makel-lose Kugeln – die kristallinen Strukturen, die die Kugeln der Planeten besaßen, bewegten sich innerhalb anderer unsichtbarer perfekter Kugeln. Die Himmelssphären unterschieden sich von der Erde, bestanden aus einem anderen Stoff und funktionierten nach anderen Gesetzen. Die Erde war nicht wirklich Teil des Kosmos, bis Isaac Newton diese Trennung überwand und unser Planet als Teil des Uni-versums gesehen wurde.

DAS BERÜHMTESTE GESCHEITERTE EXPERIMENT

Eines hatten Aristoteles und Isaac Newton gemeinsam: Beide glaubten, Äther – eine mysteriöse, unsichtbare Substanz – fülle den leeren Raum aus. Da Schallwellen ein Medium wie die Luft benötigen, um sich auszubreiten, nahmen die Physiker bis Ende des 19. Jahrhunderts an, auch Licht benötige ein Medium – den lichtspendenden Äther. Über Jahrhunderte erklärten die Geistesgrößen mit dem Äther das Unerklärliche. Aristoteles verkündete, die Himmelskörper kreisten in transparenten, kristallinen Sphären, in denen Äther den Zwischenraum ausfülle. Isaac Newton schlug vor, die Gravitation sei ein beständiger Strom von Äther zur Erde. Der französische Mathematiker René Descartes postulierte, unsichtbare Kräfte wie Magnetismus und die Tiden zerrten und drückten am Äther.

Doch 1887 lieferten der Chemiker Edward Morley und der Physiker Albert Michelson den ersten zwingenden Beweis gegen diese Vorstellung. Sie schlossen, wenn Äther den Raum um uns ausfüllte, müsste die Erdbewegung, würde man sie jeweils messen, durch jeweils unterschiedliche Lichtgeschwindigkeiten nachweisbar sein: wenn sich das Licht in dieselbe Richtung wie die Erde bewegt und in die entgegengesetzte Richtung. So wie wenn man die Geschwindigkeit eines Balls misst, den man von einem fahrenden Zug aus nach vorne oder nach hinten wirft. Einmal erhält man als Geschwindigkeit die Geschwindigkeit von Ballwurf plus Zugbewegung, im anderen Fall von Zugbewegung minus Ballwurf. Würde sich Licht genauso verhalten?

Um diese Frage zu beantworten und die Lichtstrahlen zu messen, erfand Michelson den Interferometer. Kein Äther war zu entdecken. Die Geschwindigkeit des Lichts blieb immer dieselbe. Dieses »gescheiterte« Experiment krempelte die Wissenschaft völlig um und führte letztendlich zur Entdeckung der speziellen Relativitätstheorie.

Ein Interferometer, wie es Michelson entwickelte.

Im Jahr 150 verfasste Claudius Ptolemäus, ein Philosoph und Mathematiker aus Alexandria, die umfassendste griechische Sicht auf das Universum, die wie vieles aus der griechischen Wissenschaft auf Umwegen später Eingang in die Lehrpläne der mittelalterlichen Universitäten Europas fand. Zuerst wurde sein Buch im Haus der Weisheit in Bagdad ins Arabische übersetzt, später brachten es Kreuzfahrer nach Spanien, wo man es ins Lateinische übertrug, die Sprache der Gelehrten. Der arabische Titel *Almagest* (das Größte) zeigt seine Bedeutung und seinen Einfluss.

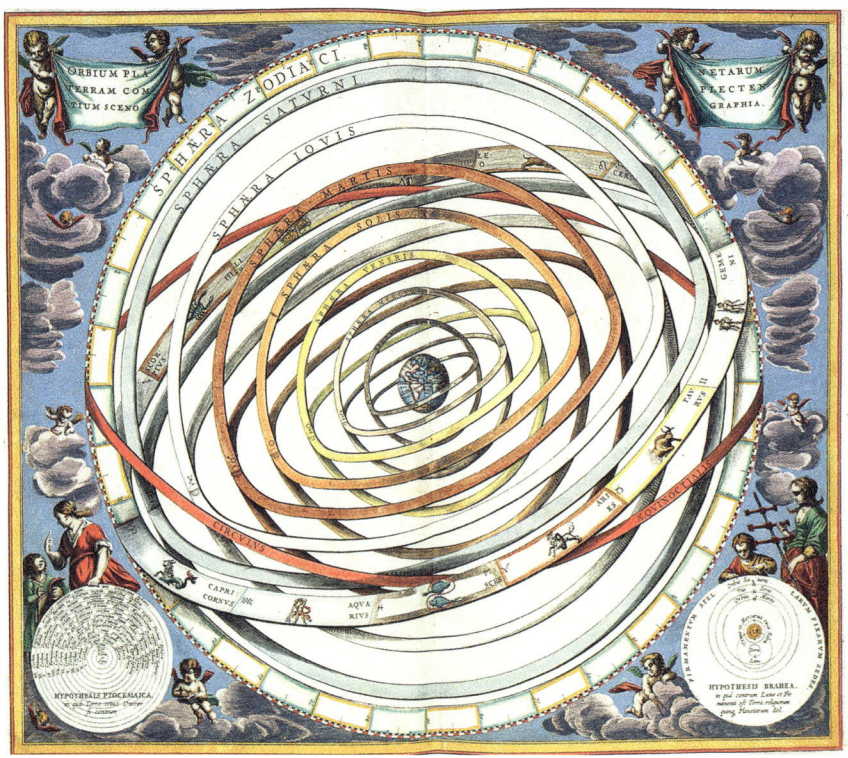

Der Mitte des 17. Jahrhunderts in Amsterdam publizierte *Himmelsatlas* oder *Harmonices Mundi* zeigt das ptolemäische Universum mit dem System konzentrischer Umlaufbahnen der Planeten um die Erde.

Neil deGrasse Tyson ✔
@neiltyson

Scientific Method is doing whatever it takes not to fool oneself into thinking what's true is false, or what's false is true.

💬 90   🔁 1.6K   ♡ 593   1:50 PM - Jul 18, 2012

Die wissenschaftliche Methode tut alles, damit man sich nicht einreden kann, dass Wahres falsch oder Falsches wahr ist.

In Ptolemäus' Modell war mächtig was los. Die Planeten bewegten sich in kristallinen Sphären um die Erde, und die wiederum wurden von Sub- und Sub-sub-Zyklen bestimmt, den sogenannten Epizykeln. Mit der Bestimmung der Umlaufgeschwindigkeiten all der Sphären und Epizykel erklärte er die Beobachtungen griechischer und babylonischer Astronomen in den Jahrhunderten vor ihm. Er konnte auch Finsternisse und andere Himmelsereignisse vorhersagen. Das System funktionierte. Kein Wunder, dass sein erdzentriertes Modell erst 1500 Jahre später ernsthaft infrage gestellt wurde.

Im griechischen System gab es sieben Himmelswanderer: Merkur, Venus, Mars, Jupiter, Saturn, Sonne und Mond. Das griechische Wort für »Wanderer« ist *planetes*. Da die Erde nicht am Himmel zu sehen war, wurde sie nicht als Wanderer oder Planet betrachtet. Die Erde wanderte nicht in der Kristall-Sphäre mit – sie bewegte sich überhaupt nicht.

Für die alten Griechen war die Erde das fixe Zentrum des Kosmos, die Heimat allen Lebens. (Denken Sie an Aristoteles: Die fallende Flasche strebt zu diesem fixen Zentrum.) Was wir heute außerirdisches Leben nennen, hatte in ihrer Weltvorstellung keinen Platz. Alles jenseits der Erde, etwa ein Exoplanet, benötigte eine weitere »Erde« mit einer eigenen Kristall-Sphäre – einen weiteren Kosmos. Wenn so etwas existieren würde, wie könnte dann ein Objekt wie die fallende Flasche sich entscheiden, zu welchem Zentrum es streben sollte, fragten sie sich. Sie folgerten: Es kann unzweifelhaft nur ein Zentrum, eine Erde, einen Kosmos geben.

Erdaufgang am 24. Dezember 1968, aufgenommen während des Fluges von Apollo 8, der ersten bemannten Mission zum Mond. Heutige Beobachtungen aus dem Weltraum bestätigen die Wissenschaft vergangener Jahrhunderte.

ASTRONOMIE MIT EINEM STAB

Wir wissen nicht, was Sie in der Schule lernten. Aber lassen Sie uns eins klarstellen: Im 15. Jahrhundert glaubte niemand, der auch nur ein wenig Bildung besaß, die Erde sei flach oder Kolumbus fiele über die Kante, wenn er zu weit segeln würde.

Ptolemäus widmete einen Abschnitt des *Almagest* der Vorstellung, »dass auch die Erde als Ganzes wahrnehmbar kugelförmig ist«. Er vermerkte unter anderem, dass Sonnenfinsternisse an verschiedenen Orten um das Mittelmeer herum zu verschiedenen Tageszeiten zu sehen sind. Wäre die Erde flach, würden sie sich überall gleichzeitig ereignen. Zudem sei bei Mondfinsternissen der Erdschatten auf dem Mond immer rund. Und eine Kugel ist die einzige Form, die unabhängig vom Winkel des Sonnenlichts einen runden Schatten wirft.

ERKLÄRUNGEN DURCH EPIZYKEL

Was geschieht wirklich, wenn der Merkur sich zurück bewegt? Im Gegensatz zu dem, was Ihnen Astrologen erzählen: nichts. Der Merkur bewegt sich nicht tatsächlich rückwärts, das sieht nur aufgrund der verschiedenen Umlaufbahnen von Merkur und Erde um die Sonne so aus. Genauso wie der Zug nebenan plötzlich rückwärts zu fahren scheint, obwohl nur Ihr Zug langsam anfährt.

Zu Ptolemäus' Zeiten erforderte die vermeintliche Rückwärtsbewegung eine Erklärung, die im geozentrierten Modell des Universums Sinn ergab. Um die periodische Rückwärtsbewegung der Planeten zu erklären, fügten die Astronomen kleinere Kreise, die Epizykel, in ihr System ein. Das sonnenzentrierte Modell des Universums vereinfachte das System und erklärte auf natürliche Weise die rückläufige Bewegung und viele andere beobachtbare Himmelsphänomene.

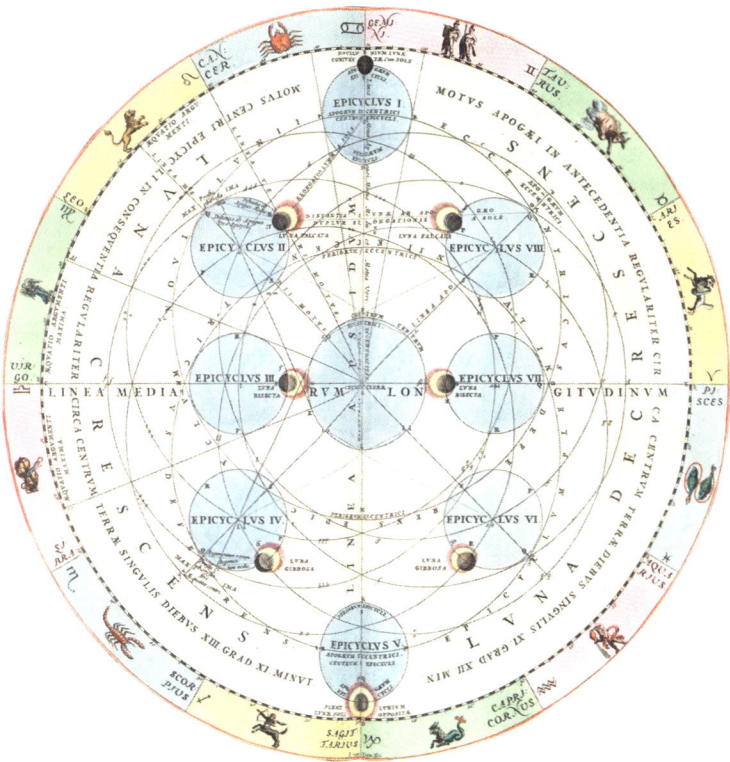

Epizykel innerhalb von Epizykeln: Die Modelle wurden immer komplexer.

Neil deGrasse Tyson ✔
@neiltyson

It continues to be true that Flat-Earthers have supporters all around the globe.

💬 2.5K   ↻ 12K   ♡ 92.3K   4:27 PM · Oct 30, 2019

Nach wie vor haben »Flacherdler« auf dem ganzen Erdball ihre Anhänger.

Ptolemäus hielt auch fest, dass bei einem Schiff, das wegsegelt, immer zuerst der Rumpf hinter dem Horizont verschwindet, während die Masten noch sichtbar bleiben: Das Schiff segelt also über eine gekrümmte Erde.

Diesen Belegen können wir heute noch den Rose-Bowl-Beweis hinzufügen: Menschen an der Ostküste der Vereinigten Staaten, die das in Kalifornien ausgetragene Rose-Bowl-Footballspiel verfolgen, sehen ein Stadion im Licht des Spätnachmittags, während sie selbst bereits im Dunklen sitzen. Wäre die Erde flach, würde es überall gleichzeitig finster. So bekommen auch moderne Footballfans einen Beweis dafür, dass die Erde eine Kugel ist.

Einige Jahrhunderte vor Ptolemäus war schon für den Philosophen Eratosthenes von Kyrene klar, dass die Erde eine Kugel ist. Er hatte sogar eine geniale Idee, um ihren Umfang zu messen – und das mehr als tausend Jahre vor der Erfindung des Teleskops und bevor es so etwas wie ein astronomisches Instrument gab. Seine Arbeit ist ein Paradebeispiel für das »astronomische Arbeiten mit einem Stab«. Eratosthenes wusste, dass die Sonne zur Sommersonnwende am 21. Juni in Syene, dem heutigen Assuan in Ägypten, mittags genau im Zenit stand, da ihr Licht dort bis auf den Grund eines tiefen Brunnens fiel.

Der Nachthimmel war für ungebildete Beobachter in der Antike wie die Kuppel eines Planetariums, eine Oberfläche voller strahlender Objekte. Sterne und Planeten waren am Himmel, nicht im Himmel.

EIN KÖNIGLICHES URTEIL

Als man das ptolemäische Modell des Sonnensystems Alfons dem Weisen erklärte, dem König von Kastilien, soll dieser gesagt haben: »Wäre ich bei der Schöpfung dabei gewesen, hätte ich einige nützliche Tipps für eine bessere Ordnung des Universums gegeben.«

Zur selben Zeit maß er die Länge des Schattens, den ein Pfeiler in Alexandria warf, das nördlich davon liegt. Er fand heraus, dass die Entfernung zwischen Alexandria und Syene, geteilt durch den Erdradius, in Relation zum Winkel zwischen Sonnenstrahlen und Pfeiler stand. Damals war diese Berechnung mathematisches Neuland, heute ist sie Teil des Geometrieunterrichts in Schulen. (Übrigens: Das Wort »Geometrie« kommt vom griechischen Ausdruck für »Erdvermessung«.)

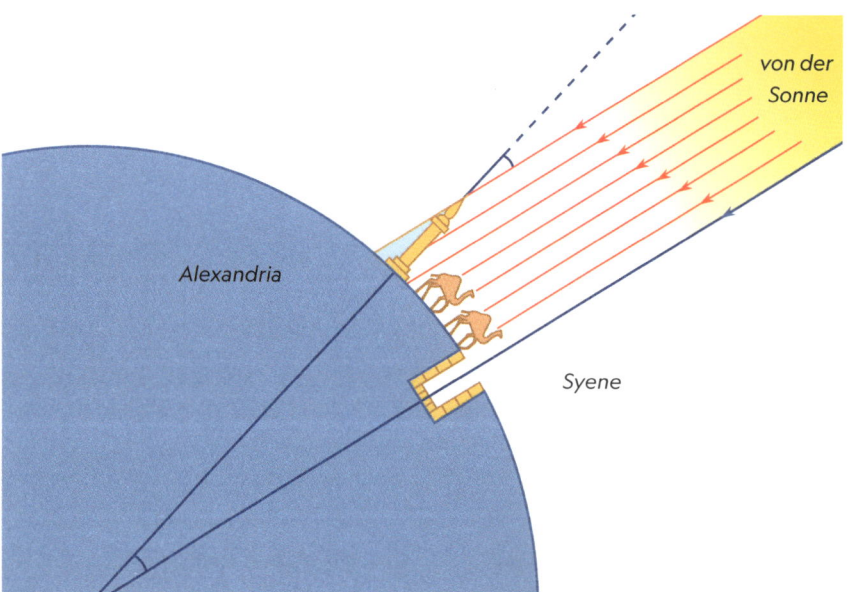

Der griechische Astronom Eratosthenes verglich die Einfallswinkel des Sonnenlichts zur Sommersonnenwende in einem Brunnen und an einer weit entfernten Säule und errechnete daraus mit erstaunlicher Genauigkeit den Erdumfang.

Das Ergebnis von Eratosthenes: Der Erdumfang beträgt 50-mal die Entfernung zwischen Alexandria und Syene, oder 250 000 Stadien. Diese Längeneinheit entspricht etwa 100 Metern. (Unser Wort »Stadion« stammt daher.) Leider war es kein standardisiertes Maß – damals wurden mindestens sechs verschiedene Stadia verwendet –, aber rechnet man großzügig, lag sein Ergebnis nur etwa zehn Prozent daneben. Ziemlich gut für jemanden, dessen einziges Messgerät ein Stab war.

DIE PARALLAXEN-LÖSUNG

Um unseren Platz im Universum zu erkennen, müssen wir fragen, wie groß der Kosmos tatsächlich ist. Das klingt wie eine einfache Frage. Die Entfernung zwischen Orten auf der Erde zu messen ist keine große Herausforderung. Doch im Universum führt das zu den verzwicktesten Problemen der modernen Astrophysik – der kosmischen Entfernungsleiter. Wir werden darauf noch einige Male zurückkommen.

Beginnen wir damit, dass sich unser Nachthimmel als zweidimensionales Sternenbild zeigt. Wir wissen aber, dass sich diese Lichter in unterschiedlicher Entfernung von uns befinden, der Himmel also dreidimensional ist. Das Problem ist nun herauszufinden, wie weit sie von der Erde entfernt sind.

Die Methoden und Instrumente, die für nahe Objekte geeignet sind, versagen leider bei großen Entfernungen. Auf der ersten Leitersprosse muss man sozusagen den nächsten Satz an Methoden und Instrumenten einsetzen, der weiterführt. Stößt man mit diesen an ihre Grenzen, muss man wieder die nächste Sprosse erklimmen, zu einer weiteren Methode, die funktioniert. Bei diesem »Aufstieg« verstärken sich leider auch bereits bestehende Unsicherheiten in der Messung.

Die erste Stufe der Entfernungsleiter verwendet die Parallaxe. Deren Prinzip können Sie selbst ganz simpel nachvollziehen und haben es sicher schon einmal gemacht, ohne die Bedeutung zu kennen: Strecken Sie Ihren Arm aus und legen Sie mit geschlossenem linken Auge einen Finger auf ein Objekt. Nun öffnen Sie das linke Auge wieder und schließen das rechte. Sehen Sie, wie Ihr Finger sich nach links und rechts zu bewegen scheint? Der Grund ist der unterschiedliche Sichtwinkel von jedem Auge auf Ihren Finger. Wenn Sie diese Winkel und die Entfernung von Auge zu Auge kennen, lässt sich mit ein bisschen Geometrie die Entfernung zur Fingerspitze berechnen.

Um das auf den Himmel zu übertragen, messen wir von zwei verschiedenen Orten auf der Erde die Winkel der Sichtlinien zu einem entfernten Objekt, wie einem Planeten, und die Entfernung dazwischen. Wir kennen nun wieder die Winkel und die Entfernung und errechnen damit die Entfernung zum Objekt.

Der griechische Astronom Hipparchos schätzte mit dieser Methode die Entfernung zum Mond auf etwa 60-mal den Erdradius – und damit um den Faktor zwei zu groß. (Trotzdem bewundernswert, schließlich hätte er sich auch um den Faktor 10, 100 oder 1000 irren oder gar keine Methode anwenden können.)

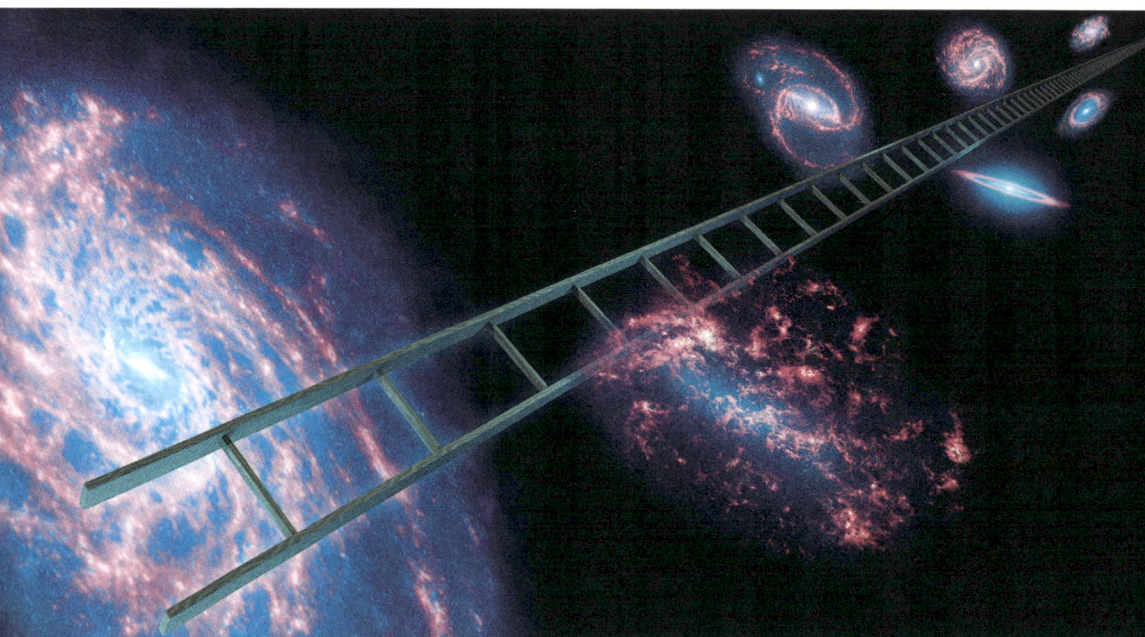

Die Erkundung des Kosmos ist wie das Besteigen einer Leiter: Von der ersten Sprosse sieht man bestimmte Dinge. Mit neuen Instrumenten und Methoden ersteigt man die nächste und dringt so weiter in die Tiefe des Alls vor.

BEGEGNUNG MIT DER PARSEC

Winkel werden normalerweise in Grad gemessen und ein Vollkreis ist in 360 Grad unterteilt. Jeder Grad ist in 60 Bogenminuten und diese sind wiederum in 60 Bogensekunden unterteilt. Ein Stern mit einer Parallaxe von einer Bogensekunde wäre 3,26 Lichtjahre von der Sonne entfernt. Dieses Konzept einer Parallaxensekunde, oder kurz »Parsec«, wurde zur geläufigen Entfernungseinheit der modernen Astrophysik – und in Weltraum-Science-Fictions wie *Star Trek* oder *Star Wars*.

Sein Versuch, die Distanz zur Sonne zu errechnen, war aber nicht so erfolgreich: Die Erde wäre demnach näher an der Sonne als der Merkur.

Doch was ist, wenn man die Entfernung zu wirklich weit entfernten Objekten wie Sternen messen möchte? Denken Sie an Ihren Finger: Je weiter er von Ihrem Gesicht entfernt ist, desto weniger verschiebt er sich, wenn Sie mit den Augen zwinkern. Wenn Sie ausfahrbare Arme hätten und den Finger auf einer Fußballplatzlänge von Ihrem Gesicht entfernt hielten, würde er sich so gut wie gar nicht mehr bewegen. Die Entfernung zwischen den Augen ist verglichen mit der zum Finger winzig, genauso der Winkel, der dann nur noch schwer zu messen ist.

Zwei Lösungen bieten sich an: 1. die Entwicklung von Instrumenten wie Teleskopen, die auch kleine Winkel messen können, oder 2. die Distanz zwischen den Augen zu vergrößern.

Das Teleskop kam schließlich. Und mit der Entwicklung der Parallaxenbeobachtung wuchs die Distanz zwischen den Augen – oder zwei Orten auf der Erde – auf den vollen Durchmesser der Erdumlaufbahn: Beobachten Sie einen »nahen« Stern vor dem Hintergrund entfernterer Sterne, warten Sie dann sechs Monate, bis die Erde auf der gegenüberliegenden Seite ihres Orbits ist, und beobachten Sie den Stern erneut. Die Verschiebung der Position des Sterns am Himmel ist die kosmische Version Ihres Augenzwinkerns. Nur bildet nun der volle Durchmesser des Erdorbits die Basislinie und nicht der Augenabstand. Aber auch diese Linie musste jemand messen.

Wenn wir den Kosmos betrachten, wissen wir nicht immer, was wir alles nicht wissen. Ich sehne mich richtig nach den Fragen, die ich noch nicht stellen kann.

WIE GROSS IST DAS SONNENSYSTEM?

Für die Bauern im Mittelalter war das Universum ein anheimelnder Ort. Der Himmel war über ihren Köpfen und Sterne und Planeten konnten nicht viel weiter weg sein als das nächste Land. Selbst als Kopernikus zeigte, dass die Sonne und nicht die Erde das Zentrum des Universums war, schien alles noch ziemlich gemütlich.

Doch das änderte sich. 1610 richtete Galilei als Erster ein Teleskop auf den Himmel, was eine Kettenreaktion an Ereignissen auslöste, die schließlich das Universum in unseren Köpfen in bis dahin unvorstellbare Dimensionen erweiterte. Für die meisten ist das Teleskop ein bahnbrechendes Instrument, weil es Bilder vergrößert und so erlaubt, weiter zu sehen. Aber es erlaubt Astronomen auch, Winkel genauer zu messen, und das steigert unsere Fähigkeit, kleine Parallaxenwinkel zu messen und somit längere Distanzen.

1672 sandte die neu gegründete Akademie der Wissenschaften Frankreichs eine Expedition nach Cayenne in Französisch-Guayana, um die Position des Mars zu vermessen. Gleichzeitig wurde dies auch in Paris gemacht. Die Expedition war zeitlich so gelegt, dass sich Mars und Erde gerade am nächsten waren. Mit den Parallaxen und der bekannten Entfernung zwischen den beiden Orten konnten die Beobachter die Entfernung zum Mars bestimmen. Und mit dieser und den Gesetzen der Planetenbewegung, die Kepler erarbeitet hatte, berechneten sie zum ersten Mal die Entfernung von der Erde zur Sonne, die sogenannte Astronomische Einheit (AE). Sie irrten sich nur um zehn Prozent. Mit diesem Ergebnis wurde das Universum plötzlich 20-mal größer und die Erde unbedeutender, als es sich jemals jemand vorgestellt hatte.

Die Europäische Südsternwarte in Chile kalibriert ihre Very Large Telescopes (VLTs) mit einem per Laser erzeugten Leitstern – die moderne Methode, um atmosphärische Turbulenzen in den Griff zu bekommen.

30 CENTS Der Stundenlohn von Henrietta Leavitt in Harvard (heute etwa 9 Dollar).

HENRIETTA LEAVITT & DIE STANDARDKERZE

Die neuesten Weltraumteleskope messen uns die Parallaxen zu Milliarden von Sternen. Das klingt nach viel, aber sie befinden sich in einem winzigen Umkreis um die Erde und entsprechen weniger als einem Prozent unserer Galaxie. Wie misst man die Distanzen zu weiter entfernten Sternen? Oder zu einer anderen Galaxie? Dafür brauchen wir die nächste Sprosse der Entfernungsleiter.

Auftritt Henrietta Leavitt, einer herausragenden Persönlichkeit in der Geschichte der Astrophysik. Die Pfarrerstochter besuchte die Society for the Collegiate Instruction of Women, das spätere Radcliffe College für Frauen, das der Harvard University angegliedert war. Nach ihrem Abschluss erhielt sie eine Stelle am Harvard College Observatory.

Damals analysierten noch ganze Teams in langwieriger Arbeit mit Bleistift und Papier die astronomischen Daten, zumeist Frauen, die man darum »Rechner« nannte. Leavitt analysierte verschiedene Kategorien Sterne, doch eine spezielle Art seltener Sterne beobachtete sie akribisch, die sogenannten Cepheiden, benannt nach dem Sternenbild Cepheus, in dem der erste dieser Art gefunden worden war. Leavitt fand heraus, dass ihre Helligkeit in Perioden von Wochen oder Monaten gleichmäßig zu- und abnimmt. Sie vermaß die Schwankungen und entdeckte, dass ein Stern, je länger sein Zyklus dauerte, umso mehr Energie ausstrahlte – und damit umso heller war.

Kennt man die Energiemenge, die ein Stern aussendet, kann man mit einer simplen Formel die Entfernung dieses Sterns berechnen, indem man misst, wie hell oder dunkel er in dieser Distanz ist.

DIE HARVARD-RECHNER

1885 stieß Henrietta Leavitt zu einem Team von Frauen am Harvard-College-Observatorium, das die mühsame Vermessung von Sternspektren durchführte. Sein Direktor, Edward Pickering, wollte, so wird berichtet, dass sie »arbeiten und nicht denken«. Er ließ die gut ausgebildeten Frauen nicht am Teleskop forschen und bezahlte sie wie ungelernte Arbeiter. Leavitts Entdeckung der Perioden-Leuchtkraft-Beziehung der Cepheiden publizierte er unter seinem Namen. Leavitt erhielt zu ihren Lebzeiten nie die ihr zustehende Anerkennung.

Henrietta Leavitt

Doch zuerst benötigt man einen Cepheiden in der Nähe, um seine Entfernung via Parallaxe zu bestimmen. Danach kann man die nächste Sprosse der Entfernungsleiter besteigen. Leavitts Methode war das erste Beispiel dessen, was Astrophysiker »Standardkerzentechnik« zur Entfernungsberechnung nennen. Wenn wir über die Entdeckung der Dunklen Energie und das expandierende Universum sprechen, wird sie wieder auftauchen.

GALAXIEN

Anfang des 20. Jahrhunderts hatten die Astronomen eine ziemlich gute Vorstellung vom Platz der Erde in unserer Galaxie. Mit der Standardkerzenmethode von Henrietta Leavitt bestimmte der Amerikaner Harlow Shapley die Ausdehnung der Milchstraße: enorme 100 000 Lichtjahre. Das erstaunte die damaligen Astrophysiker – und alle anderen. Die Größe des Universums wuchs mit jeder neuen Messung sprunghaft an. Shapley erkannte auch, dass die Sonne sich nicht im Zentrum der Milchstraße befindet, sondern eher am Rand, im äußeren Drittel. Das war ein Ego-Killer, vergleichbar mit Kopernikus'

Erklärung, dass die Erde nicht das Zentrum des Universums sei. Aber es kam noch besser. Die Beobachter bemerkten mit ihren Teleskopen der 1920er-Jahre auch wolkige Formen und Kleckse über dem Himmel verstreut. Einige dieser *nebulae* (Nebel) waren eindeutig formlose, glühende Gas- und Staubmassen – und all das lag innerhalb des gebogenen Lichterbands, das wir als Milchstraße bezeichnen.

Noch eine andere Art formloser Objekte konnte man in allen Richtungen sehen – Spiralnebel, manche von der Seite, manche gekippt und manche frontal. Sie sahen aus wie Windrädchen. Aber die damaligen Teleskope konnten darin keine einzelnen Sterne unterscheiden.

Ein Lastwagen fuhr 1917 den 4,5 Tonnen schweren 2,54-Meter-Spiegel die Schotterstraße hinauf auf den Berg. Mit dem damals weltgrößten Teleskop im Mount Wilson Observatory in Kalifornien bestätigte Edwin Hubble die Existenz anderer Galaxien.

$ 500 000 So viel ungefähr kostete das 2,54-Meter-Teleskop auf dem Mount Wilson – heute etwa 6,2 Millionen Dollar.

Strittig war die Natur dieser Spiralnebel. Waren sie, wie Shapley behauptete, Strukturen innerhalb der Milchstraße, so wie alles andere am Himmel? Das hieße, die Milchstraße wäre das gesamte Universum. Oder waren sie ganz eigene, unglaublich weit entfernte Galaxien, also wahre »Universumsinseln«, die in der Tiefe des Weltalls verstreut lagen? Anders gesagt: War das Universum eine einzige gewaltige Ansammlung von Sternen, die von Leere umgeben war? Oder bestand es aus zahllosen Galaxien, vergleichbar der unseren? Noch in den 1920er-Jahren gelang es, diese Frage zu beantworten. Der Philanthrop Andrew Carnegie half, das damals größte Teleskop auf dem Mount Wilson bei Los Angeles zu finanzieren, und der junge Edwin Hubble durfte es benutzen. (Ihm zu Ehren erhielt später das legendäre Hubble Space Telescope der NASA seinen Namen.) Die Auflösung dieses neuen Teleskops ermöglichte es Hubble, im Spiralnebel Andromeda einzelne Cepheiden zu identifizieren, und er konnte mit der Standardkerzentechnik Henrietta Leavitts ihre Entfernung bestimmen. Sie waren über zwei Millionen Lichtjahre entfernt – viel zu weit für einen Nebel innerhalb der 100 000 Lichtjahre großen Milchstraße. Mit dieser Beobachtung wies Hubble ein für allemal die großräumige Struktur des Universums nach: Die Milchstraße ist lediglich eine Galaxie unter vielen.

MILLIARDEN & ABERMILLIARDEN

Nun, da unser Planet im Sonnensystem und dieses in der Milchstraße verortet ist, gilt es, unsere Galaxie im größeren Universum zu verorten und womöglich die Suche nach dem Platz der Erde im Kosmos zu beenden. Als Hubble nachgewiesen hatte, dass es Galaxien gab, suchte er systematisch nach ihnen und entwickelte schließlich anhand ihrer Formen ein Klassifikationsschema.

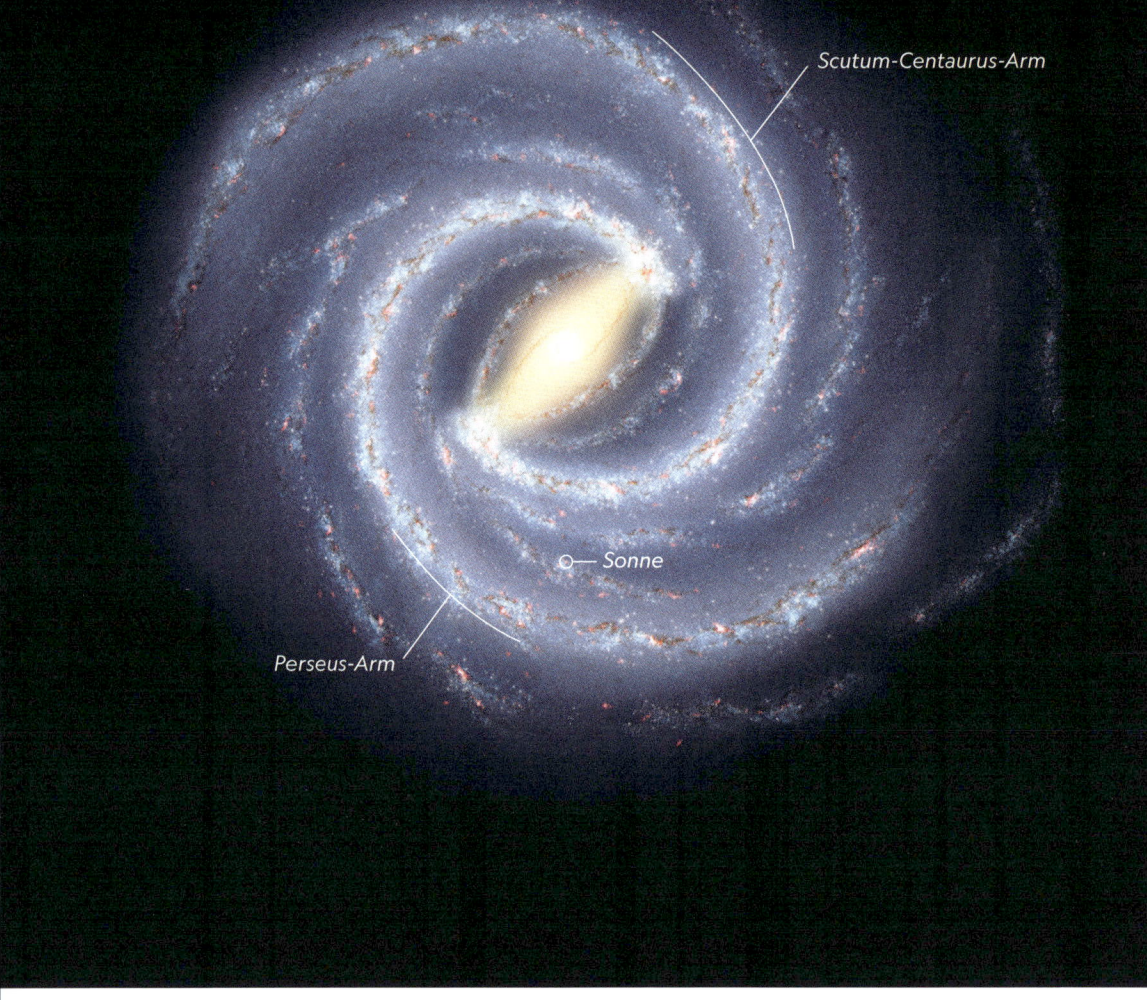

Scutum-Centaurus-Arm

Sonne

Perseus-Arm

Das Spitzer-Space-Teleskop der NASA verhalf uns zu einer Vorstellung von unserer Galaxie, der Milchstraße, mit ihren zwei großen Armen: Scutum-Centaurus und Perseus. Unser Sonnensystem liegt in einem Ausläufer dazwischen.

Es reicht von gasleeren, elliptischen Galaxien, die keine Sterne mehr bilden, bis zu großartig geformten, gasreichen Spiralgalaxien wie unsere Milchstraße, in denen Sterne entstehen und sterben, die zahlreiche schwere Elemente bilden und diese in der Galaxie verstreuen.

Neil deGrasse Tyson ✓
@neiltyson

The astrophysicist does not fear the dark because we know the night to b ablaze with light our eyes cannot see.

💬 700   🔁 5.5K   ♡ 38.7K   10:37 AM - May 28, 2019

Der Astrophysiker fürchtet das Dunkle nicht. Er weiß, dass die Nacht in einem Licht
strahlt, das unsere Augen nicht sehen können.

Die meisten dieser Sterne besitzen vermutlich Planeten, die sie umkreisen. Addiert man zu diesen die Planeten, die ohne Stern durchs All wandern, kommt man in unserer Galaxie auf Hunderte von Milliarden Planeten – von denen auf einigen Leben möglich sein könnte. Nachdem wir nun wissen, dass unsere Galaxie nichts Besonderes ist, bleibt noch immer herauszufinden, wie viele Galaxien es im Universum gibt und wie weit entfernt sie sind – ein Problem, das dem der Entfernungsmessung der Sterne in unserer Galaxie gleicht. In den am weitesten entfernten Galaxien können wir keine einzelnen Sterne mehr unterscheiden. Daher reicht Leavitts Standardkerzentechnik dafür nicht aus. Wir müssen also eine andere Methode finden.

Wenige Jahre nach Hubbles Entdeckung, dass die Spiralnebel Inseluniversen sind, fand er heraus, dass sich die Galaxien voneinander wegbewegen, die entfernteren Galaxien schneller als die nahen. Wenn das Universum früher kleiner war als heute, könnte das auf einen gemeinsamen Anfang hindeuten. Auf jeden Fall dehnt die Ausweitung des Weltalls die Wellenlänge des Lichts auf dem Weg zu uns, was zu einer Verschiebung der Spektrallinien ins Rote führt – die heute bekannte »kosmologische Rotverschiebung«.

Misst man die Rotverschiebung einer Galaxie, was relativ einfach ist, erhält man die Entfernung zur Milchstraße – die nächste Sprosse der Entfernungsleiter. Doch wie schon zuvor, kann man sie nur erklimmen, wenn man eine Galaxie in der Nähe findet, die auch identifizierbare Cepheiden besitzt.

13 772 000 000 Das Alter des Universums,
plus/minus 59 Millionen Jahre.

Ab Ende des 20. Jahrhunderts vermaßen Astrophysiker mit immer stärkeren Teleskopen die Rotverschiebung im großen Maßstab, was uns eine dreidimensionale Karte der Galaxien im Universum lieferte. Am umfangreichsten war der Sloan Digital Sky Survey, der die Position von Millionen von Galaxien im Weltall katalogisierte. Den besten Schätzungen zufolge liegt die Zahl der Galaxien im beobachtbaren Universum bei 100 Milliarden, womöglich auch bei zwei- oder dreimal mehr. Es gibt also im Universum so viele Galaxien wie Sterne in der Milchstraße. Besitzt jede dieser Galaxien in etwa dieselbe Zahl an Sternen wie unsere, sehen wir im beobachtbaren Universum über 1 000 000 000 000 000 000 000 (eine Trilliarde) Sterne.

EIN LETZTES WORT

Der Besuch von Isaac Newton und Aristoteles in der Bar liegt lange zurück. Die Sicht auf unseren Planeten, uns selbst und unsere Zukunft hat sich verblüffend geändert, nicht zuletzt durch unsere sich wandelnde Sicht auf den Kosmos und auf unseren immer kleineren Platz darin: eine Demütigung nach der anderen. Wer über die allmähliche Vertreibung der Menschheit aus dem Zentrum der Schöpfung schreibt, führt oft Charles Darwin und Sigmund Freud an. Ersterer lehrte uns, dass wir nicht sehr viel anders sind als die anderen Lebewesen der Erde, der andere, dass unser Denken nicht so rational und logisch ist, wie wir glauben möchten. Aber es gibt einen Lichtblick in dieser Demontage unseres Egos. Wenn die Erde nichts Besonderes ist und wir tatsächlich nur Teil eines natürlichen Kontinuums sind, dann sind auch die Naturgesetze, die wir hier entdecken, nichts Besonderes. Sie gelten wohl überall und ermöglichen uns, die Gesamtheit des bekannten Universums über Raum und vermutlich Zeit hinweg zu erkunden und zu entschlüsseln. Was für unser Ego schlecht ist, ist fraglos gut für die Wissenschaft.

Die Montage *Hubble Ultra Deep Field* besteht aus 800 Bildern, die das Hubble Space Telescope 2003 bis 2004 an elf Tagen aufnahm. Unter den fast 10 000 Galaxien des bisher tiefsten Weltraumbilds befinden sich auch 13 Milliarden Jahre alte Galaxien.

WOHER WISSE

WIR WISSEN?

- ASTRONOMIE MIT BLOSSEM AUGE
- GALILEO & DAS TELESKOP
- DAS ELEKTROMAGNETISCHE SPEKTRUM
- DAS RADIO-UNIVERSUM
- VON DER ASTRONOMIE ZUR ASTROPHYSIK
- ERKENNTNISSE VON AUSSERHALB DER ATMOSPHÄRE
- NEUE FENSTER INS UNIVERSUM
- DIE OBSERVATORIEN VON HEUTE
- ZUKÜNFTIGE ATTRAKTIONEN

Langzeitbelichtung von Sternen über dem La-Silla-Observatorium in Chile.

N WIR, WAS

H aben Sie jemals weit entfernt vom Lichtdunst einer Stadt in den klaren Nachthimmel geschaut? Und hat Sie der strahlende Sternenteppich mit Ehrfurcht erfüllt?

Vor langer Zeit sah das jeder – jede Nacht. Selbst in den belebten Städten. Für unsere Vorfahren war das ein allnächtliches Ereignis. Der imposante Lauf der Sterne und Planeten gehörte zu ihrem Leben. Aus diesem Grund könnte die Astronomie die erste Wissenschaft der Menschheit gewesen sein, wenn nicht sogar das zweitälteste Gewerbe der Welt.

Mit der Einführung der Straßenbeleuchtung im 19. Jahrhundert änderte sich das. Langsam verschwanden die Sterne aus unserem Blick und gingen im Lichtkegel der Städte unter. Nur der Mond, einige Planeten und die hellsten Sterne leuchteten noch.

Die Wissenschaft der Archäoastronomie liefert uns die besten Belege für das ehrwürdige Alter der Astronomie. Das nur wenige Jahrzehnte alte Fach erforscht anhand von Artefakten, insbesondere

Der griechische Astronom Hipparchos erstellte im 2. Jahrhundert v. Chr. den ersten Sternenkatalog.

Bauwerken, was die alten Kulturen über die Gestirne wussten und welche Rolle dieses Wissen in ihrem Leben spielte. Das bekannteste Beispiel dafür ist der berühmte, gewaltige Steinkreis Stonehenge auf der Salisbury-Hochebene in England.

Übrigens errichteten weder Druiden noch Julius Caesar Stonehenge. Der Zauberer Merlin teleportierte auch keine Steine aus Irland hierher, ebensowenig Außerirdische in fliegenden Untertassen. Wir wissen, dass eine Reihe von Völkern zwischen 3000 und 1800 v. Chr. den Steinkreis aufstellten, die weder Schrift noch Achsen mit Rädern kannten. Und doch schufen sie über die Jahrhunderte ein Monument, das noch heute steht.

Steinkreise wie Stonehenge wurden vermutlich angelegt, um den Sonnenlauf und die Jahreszeiten zu verfolgen, und verweisen auf prähistorische Kenntnisse über den Kosmos.

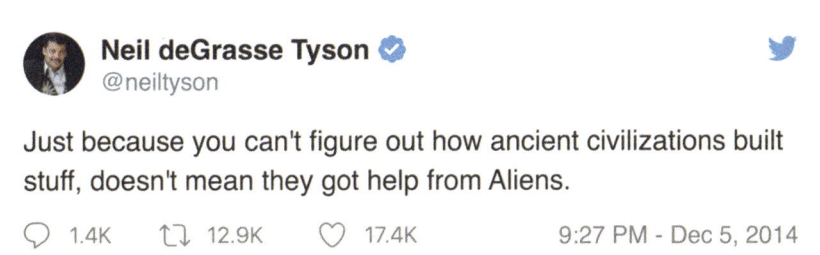

Neil deGrasse Tyson ✔
@neiltyson

Just because you can't figure out how ancient civilizations built stuff, doesn't mean they got help from Aliens.

🗨 1.4K   ↻ 12.9K   ♡ 17.4K   9:27 PM - Dec 5, 2014

Nur weil man nicht enträtseln kann, wie alte Kulturen etwas bauten, heißt das nicht, dass Außerirdische dabei halfen.

Der Archäoastronom Gerald Hawkins vertrat als Erster die Meinung, Stonehenge könnte kosmologische Bedeutung haben. Er wuchs in der Nähe des Monuments auf und spielte zwischen den Steinen, als dort noch nichts eingezäunt war. Dabei bemerkte er, dass die Position der Steine eindeutige Sichtlinien definierte – als hätten die Erbauer die Besucher zwingen wollen, dorthin zu sehen. In den 1970er-Jahren hatte Hawkins am Massachusetts Institute of Technology (MIT) Zugang zu modernen Computern und zeigte, dass viele der Sichtlinien auf wichtige astronomische Ereignisse verwiesen. Die bekannteste markiert den Sonnenaufgang zur Sommersonnwende. Eine Aufgabe von Stonehenge war es also, die Jahreszeiten zu verfolgen – für eine Agrargesellschaft lebenswichtig.

KALENDER AUS STEIN

In Nordamerika liegen Hunderte von alten Medizinrädern aus Stein, die nomadische Ureinwohner errichteten, wie die Sioux, Cheyenne, Crow, Blackfoot, Arapaho, Cree, Shoshone, Comanche und Pawnee. Das berühmteste davon ist das Big Horn Medicine Wheel in Wyoming, mit einem Durchmesser von rund 24 Metern und 28 Speichen, die von einem zentralen Steinhaufen abgehen. Dieses und andere ähnliche Räder dienten vermutlich dazu, die Positionen von Sonne und hellen Sternen im Verlauf der Jahreszeiten zu bestimmen.

Tycho Brahe mit einem Teil seiner Nase.

TYCHOS NASE

Auf einen studentischen Saufgelage stritt sich Tycho Brahe mit einem anderen Studenten darüber, wer der bessere Mathematiker sei. Dies führte zu einem Duell, das Tycho Brahe die Nasenspitze kostete. Den Geschichten der Astronomen zufolge trug er daraufhin eine Nasenprothese aus Gold und Silber. Als man 2010 seinen Leichnam exhumierte, um die Ursache seines rätselhaften Todes zu untersuchen, zeigten chemische Analysen seiner Nasenknochen Spuren von Kupfer und Zink – seine falsche Nase war also aus Messing.

Seitdem entdeckte man an alten Monumenten auf der ganzen Welt ähnliche Merkmale. Die verblüffendsten sind vielleicht die Medizinräder im westlichen Nordamerika, die nicht Bauern, sondern Nomaden errichteten. Solche Relikte zeigen, dass der Himmel unseren Vorfahren wichtige Hinweise lieferte, egal wo sie lebten oder wie sie sich ernährten.

ASTRONOMIE MIT BLOSSEM AUGE

Die Astronomie begann ohne Teleskop. Diese einfache, offensichtliche Feststellung hat weitreichende Implikationen. Die Astronomen der Antike wussten, dass die Erde eine Kugel ist, und erarbeiteten auch ohne Teleskop eine eindrucksvolle Liste an Erkenntnissen. Wie schon erwähnt, vermaß Hipparchos von Nicäa die Position auffallender Sterne und erstaunlich genau die Entfernung des Mondes von der Erde. Er entdeckte auch die Präzession der Äquinoktien, ein leichtes Schwanken der Rotationsachse der Erde. Aristarch von Samos entwickelte ein heliozentrisches Modell des Sonnensystems, ebenfalls ohne Teleskop.

Der Wide-field Infrared Survey Explorer (WISE) der NASA fotografierte die Reste der Supernova von 1572 (rot), die Tycho Brahe beobachtet hatte.

TYCHO & SHAKESPEARE

Tycho Brahes Nova wird sogar im ersten Akt des *Hamlet* erwähnt, den Shakespeare um 1600 schrieb. Bernardo, ein Wachmann auf Schloss Helsingör, sagt: »Da, derselbe Stern, der westlich des Pols steht.« Und: »Mit seiner Bahn erleuchtet er diesen Teil des Himmels. Wo er nun brennt.« Die Zuschauer damals wussten, dass dies auf den neuen Stern anspielte, den Tycho Brahe erforscht hatte.

Eine Supernova im Sternbild Kassiopeia beeindruckte Shakespeare so sehr,
dass er sie im Hamlet erwähnte.

Und Claudius Ptolemäus erstellte um das Jahr 150 ein komplexes Modell des Sonnensystems, das die Astronomie fast 1400 Jahre beherrschte. Das Basiswerkzeug der Astronomie mit bloßem Auge ist ein Sehrohr, das man auf einen Stern oder Planeten richtet. Die Position des Objekts am Himmel bestimmt man dann mit zwei Zahlen: dem Winkel über dem Horizont und dem Winkel zu einer Kompass-richtung, die schon anerkannt ist, wie etwa Norden. Das ist die Grund-lage der Himmelsnavigation. Bei dieser Messweise ist Größe wichtig. Je länger das Rohr, desto genauer kann man die Position des Objekts am Himmel bestimmen.

Der König dieser Art Astronomie war Tycho Brahe, ein dänischer Adeliger. Er wurde in Europa schnell zu einer treibenden Kraft der Astronomie. Mit etwa 20 Jahren studierte er die Nova von 1572. Die Beobachter von der Erde sahen einen Stern am Himmel, wo zuvor nie einer war – für alle eine Anomalie, da die Bibel lehrte, die Sterne am Himmel seien fest und unveränderlich. Natürlich heißt das lateinische *nova* »neu«. Tychos sorgfältige Beobachtungen zeigten, dass die Nova – heute weiß man, dass es eine Supernova war – kein Phänomen der Atmosphäre war, sondern weit hinter dem Mond lag. Der dänische König war begeistert, dass sein Höfling berühmt wurde, und überließ ihm die Insel Ven sowie Geld, um dort die Sternwarte Uraniborg zu bauen – das erste öffentlich finanzierte Forschungsinstitut der Welt. Tycho baute riesige Sehrohre und dazugehörende Instrumente und trug die bis dahin genauesten Daten über die Bewegungen der Planeten zusammen.

GALILEO & DAS TELESKOP

Manchmal hat ein einzelnes Ereignis so weitreichende Folgen, dass das Ausmaß seiner Bedeutung nur mit zeitlichem Abstand eingeschätzt werden kann. So ein Ereignis gab es wohl 1610, als der italienische Astronom Galileo Galilei zum ersten Mal ein Teleskop in den Nacht-himmel richtete. Es veränderte für immer den Blick der Menschen auf den Kosmos.

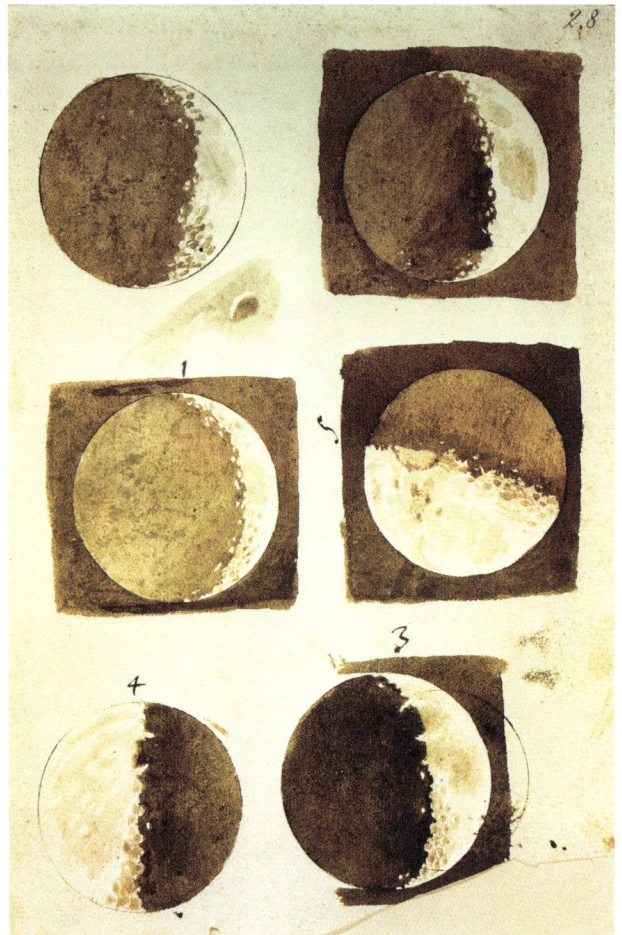

Die Mondphasen, wie sie Galileo für sein
Sidereus Nuncius zeichnete.

Galileo hatte das Teleskop nicht erfunden. Im 17. Jahrhundert machten
Gerüchte über ein neues holländisches »Fernglas« in Europa die Runde.
Als Galileo von diesem neuen Gerät erfuhr, veränderte er die bestehende
Konstruktion sofort, damit sie besser für die Astronomie geeignet war.
Die Vergrößerung, die Galileos Teleskop erreichte, entspricht der eines
günstigen Fernglases von heute. Was Galileo sah, zwang dazu, das
klassische, von Denkern wie Aristoteles und Claudius Ptolemäus ent-

Mit dem Teleskop sah Galileo Einzelheiten der Mondoberfläche, doch viele Zeit-
genossen blieben seinen Beobachtungen gegenüber skeptisch.

wickelte Bild des Sonnensystems zu verwerfen. 1610 war die Erde nach
dem traditionellen Bild von Kirche und Astronomie das regungslose
Zentrum des Universums, über dem reine, perfekte und unveränder-
liche Himmel herrschen. Wer eine traditionelle wissenschaftliche Weisheit umstößt, wird berühmt. Wer eine traditionelle religiöse Weisheit
umstößt, landet vor der Inquisition. Galileo erlebte beides. Galileo war
sicher ganz schön überrascht von dem, was er sah:

1835 Das Jahr, in dem die katholische Kirche Galileos Bücher vom Index der verbotenen Literatur strich.

■ **Oberflächenstrukturen auf dem Mond** ǀ Wie alle Himmelskörper galt auch der Mond bis dahin als eine perfekte runde Kugel.

■ **Sonnenflecken** ǀ Wie der Mond galt auch die Sonne als makellos. Galileo sah, was wir heute als Sonnenfleckengruppe bezeichnen würden.

■ **Venusphasen** ǀ Man nahm an, dass alles im Himmel um die Erde kreisen würde, doch die Venus konnte nur dann Phasen wie der Mond haben – von der Sichel- bis zur vollen Phase –, wenn beide, sie und die Erde, um die Sonne kreisten.

■ **Monde des Jupiters** ǀ Die Erde war das Zentrum von allem – Heimat der Menschheit, die Krone der Schöpfung. Doch es gab vier Himmelskörper, die sich im Orbit um Jupiter ziemlich wohlzufühlen schienen.

Diese Beobachtungen waren starke Belege gegen ein geozentrisches Universum und für das heliozentrische Modell, das Nikolaus Kopernikus 65 Jahre zuvor entworfen hatte.

DIE NAMEN DER MONDE

Im *Sidereus Nuncius* nannte Galileo die vier größten und hellsten Begleiter Jupiters Mediceische Monde, um sich bei Herzog Cosimo de' Medici von Florenz einzuschmeicheln. Das funktionierte, Galileo erhielt einen großen Geldbetrag. Heute heißen die vier Monde – Io, Europa, Ganymed und Kallisto – passender die Galileischen Monde.

1992 Das Jahr, in dem Papst Johannes Paul II. und seine Akademie der Wissenschaften entschieden, dass Galileo recht hatte.

Galileo sah durch sein Teleskop einige der Monde Jupiters.
Dank der NASA-Mission Galileo sehen wir sie heute detaillierter, so wie auf dem zusammengesetzten Bild von Io.

GALILEOS PROZESS

Die Geschichte von Galileos Streit mit der Kirche ist lang und verwickelt. Er wurde davor gewarnt, das Kopernikanische System zu verteidigen. Dass er im *Dialog über die beiden hauptsächlichsten Weltsysteme* die Argumente des Papstes einer Figur namens Simplicio (»Dummkopf«) in den Mund legte, half ihm vermutlich nicht, als er wegen Ketzerei angeklagt wurde. Nachdem er unter Druck bekannte, er habe nie geglaubt, was er geschrieben oder gesagt hatte, murrte er einer berühmten Überlieferung zufolge in Bezug auf die Erde: »*Eppur si muove* – und sie bewegt sich doch.«

Galileo beschrieb seine Funde in einem schmalen Buch mit dem Titel *Sidereus Nuncius* (Sternenbote). Er schrieb gut und – noch wichtiger – er schrieb seine späteren Bücher auf Italienisch, nicht auf Latein. Damit waren seine revolutionären Ideen der gebildeten Schicht in Italien zugänglich und nicht nur den Gelehrten. Aber sie versorgten auch seine Gegner mit reichlich Munition. Zuletzt zerrten sie ihn wegen Ketzerei vor Gericht. Erst als er seine Aussagen widerrief, wurde er freigesprochen.

DAS ELEKTROMAGNETISCHE SPEKTRUM

Bis jetzt fokussierten wir uns auf Wissen, das wir im sichtbaren Licht erhalten. Es gibt viele gute Gründe, warum wir dadurch erfuhren, was in den vergangenen Jahrhunderten bekannt war.

Wir sind zuallererst Primaten, und wie unsere Primatenverwandten nehmen wir die Welt vor allem durch Sehen wahr. Das zeigt sich allein daran, dass wir mit der Formulierung »ich sehe« eigentlich »ich verstehe« meinen. Von Natur aus sind unsere Augen die ersten Instrumente zur Erforschung des Himmels.

Zweitens ist unsere Atmosphäre lichtdurchlässig. Wenn Sie jemals nachts aus dem Flugzeug die Lichter einer fernen Stadt sahen, wissen Sie, dass Licht durch die unteren Schichten der Atmosphäre ungehindert kilometerweit reisen kann. Der beste Beweis für die

Viele Insekten sehen Licht im ultravioletten, andere im infraroten Bereich des elektromagnetischen Spektrums. Für sie sehen Blumen so aus.

Lichtdurchlässigkeit der oberen Schichten ist, dass Sie Sonne, Mond und Sterne am Tag sehen können.

Zudem hat die Sonne, unsere Hauptquelle der Beleuchtung, eine Oberflächentemperatur von etwa 5000 °C und stößt ihre Spitzenenergie als sichtbares Licht aus. Wir als Tagwesen sollten nicht überrascht sein, dass die natürliche Auslese als Sinnesorgan das Auge favorisierte, das für diese Energieform äußerst empfindlich ist.

Stellen Sie sich dagegen die Oberfläche der Venus vor. Der gesamte Planet ist ständig in dichte Wolken gehüllt. Tagsüber schimmert diffuses sichtbares Licht hindurch. Bei den Ofentemperaturen des Treibhausklimas würden Sie dort einfach verdampfen. Doch ignorieren wir das einmal: Menschen dieser Welt würden keinen Nachthimmel kennen. Das würde Fortschritte in der Astronomie um Jahrtausende verzögern oder sogar verhindern, dass diese Wissenschaft entsteht.

Licht ist eine Form elektromagnetischer Strahlung oder Wellen. Alle Farben entsprechen verschiedenen Wellenlängen. Rotes Licht hat zum Beispiel eine Wellenlänge von grob 8000 Atomdurchmessern, violettes etwa die Hälfte davon. Als der schottische Physiker James

Neil deGrasse Tyson ✔
@neiltyson

In the era of Hubble & space probes, dots of light on the night sky have become worlds. Worlds have become our backyard.

🗨   ↻ 170   ♡ 36   7:56 PM - Feb 20, 2011

In der Ära von Hubble & Raumsonden wurden Lichter im Nachthimmel zu Welten. Und Welten wurden zu unserem Hinterhof.

Clerk Maxwell Ende des 19. Jahrhunderts die elektromagnetischen Gesetze kodifizierte, sagten seine Gleichungen nicht nur die Existenz elektromagnetischer Wellen vorher, sondern auch, dass sie in allen Längen existieren – längere und kürzere Wellen, jenseits dessen, was wir sehen können. Warum nehmen die Menschen dann nur »sichtbares« Licht wahr, einen Bruchteil des unendlichen Spektrums? Unsere Sehfähigkeit ist so armselig, als hörten wir von einem Sinfonieorchester nur die Piccoloflöte.

Kurz nach Maxwells Theorie entdeckte der deutsche Physiker Heinrich Hertz elektromagnetische Wellen, die von wenigen Dezimetern bis zu vielen Kilometern reichten. Heute nennt man sie Radiowellen. Sie wurden als erste elektromagnetische Wellen entdeckt, die komplett außerhalb unserer Wahrnehmungsfähigkeit liegen. Maxwell hatte mit seiner Annahme tatsächlich recht behalten.

Wie sich herausstellte, blockiert die Erdatmosphäre sämtliche elektromagnetische Strahlung, außer Radiowellen und sichtbarem Licht. Die Strahlung überwindet im Weltraum Lichtjahre und wird dann auf den letzten Metern der Reise geschluckt. Das Universum schickte uns schon immer in allen elektromagnetischen Spektren Informationen – und wir wussten nichts davon.

DAS RADIO-UNIVERSUM

Für Radiowellen ist die Erdatmosphäre durchlässig, so wie für sichtbares Licht. Sie können das selbst beobachten: Sie können praktisch in jedem Gebäude mit Ihrem Handy telefonieren. Das ist nur möglich, weil Radiowellen – in diesem Fall in den kurzen Versionen, den sogenannten Mikrowellen – von einem Turm zu Ihrem Smartphone laufen, das das Signal in den Ton Ihres Telefons umwandelt.

Da der Mensch keine »Radio-Augen« besitzt, die Radiowellen wie sichtbares Licht wahrnehmen können, gab es auch keine Radioastronomie, bevor James Maxwell und Heinrich Hertz unsere Aufmerksamkeit auf diese Form der elektromagnetischen Strahlung lenkten. Stellen Sie sich die Atmosphäre vor, als hätte sie zwei »Fenster«: eines für Licht, das andere für Radiowellen. Für den ganzen Rest des elektromagnetischen Spektrums ist die Atmosphäre wie eine Ziegelmauer.

Doch wir können eine Menge lernen, wenn wir durch das »Radio-Fenster« spähen. Das erste Teleskop für Radiowellen aus dem Weltall entwickelte 1932 der amerikanische Ingenieur Karl Jansky in den Bell Telephone Laboratories in New Jersey. Jansky sollte Radiosignale im Himmel finden, die die Funktelekommunikation auf der Erde stören könnten. Stattdessen entdeckte er Radiosignale aus dem Zentrum der Milchstraße. 1937 baute der Radiotechniker Grote Reber, den die Entdeckung Janskys faszinierte, im Garten seines Hauses in Wheaton, Illinois, ein eigenes Teleskop, um damit speziell diese galaktische Radiostrahlung zu studieren. Seine Untersuchungen markieren den Beginn der Radioastronomie.

Radiowellen sind die schwächsten elektromagnetischen Wellen, daher sind Radioteleskope meistens gewaltige Bauwerke, damit sie noch die schwächste Strahlung registrieren können. Oft sind sie große bewegliche Schüsseln, doch die größten sind fest in Bodenmulden gebaut und erfassen alles, was mit der Drehung der Erde durch ihr weites Sichtfeld wandert. Das größte Radioteleskop ist das Five-hundred-meter Aperture Spherical Telescope (FAST), das 2016 in China fertiggestellt wurde. Seine riesige Schüssel würde vier Fuß-

Karl Janskys Antenne drehte sich auf Reifen des Ford Model T – einige nannten es sein Karussell. Damit erfasste er als Erster Radiowellen aus dem Weltall.

ballstadien mit je 100 000 Plätzen fassen. Radioteleskope ermöglichen den Astrophysikern, Objekte im Weltall zu finden, die vor allem Radiowellen ausstrahlen.

Eines kann nicht genug betont werden: Diese Objekte wären für uns sonst unsichtbar. Radioteleskope entdecken zum Beispiel Pulsare, schnell rotierende, kompakte Kerne von Sternen, die Überreste einer Supernova-Explosion. Sie strahlen das Radiosignal nur in einer Region aus, aber durch ihre Drehung entstehen regelmäßige Impulse, wie bei einem Leuchtturm, der über den Horizont fegt, die die Teleskope erfassen. Daher der Name Pulsar und der kurzzeitige Verdacht am Anfang, Außerirdische würden uns Signale schicken. Immer wenn wir ein neues Fenster in den Himmel öffnen, erinnern uns unerwartete Phänomene wie dieses daran, wie viel wir nicht wissen.

E.T. NUTZT RADIOWELLEN

Meistens wird mit Radioteleskopen nach Signalen von Außerirdischen gesucht. Warum sollten Aliens mit Radiowellen kommunizieren und nicht in irgendeinem anderen Frequenzband des elektromagnetischen Spektrums? Erstens sind Radiowellen die energieeffizientesten Frequenzen, sie benötigen zur Erzeugung am wenigsten Energie. Gammastrahlen, am anderen Ende des Spektrums, enthalten am meisten Energie und benötigen daher auch am meisten Energie zum Senden. Zweitens werden bestimmte Radiofrequenzen von anderen Himmelsphänomenen am wenigsten beeinträchtigt. Sie durchdringen dunkle Gas- und Staubwolken im All, als gäbe es sie nicht. Wenn Aliens also wirklich Nachrichten durch das Weltall senden wollen und Astrophysiker haben, die das Universum wie wir verstehen, werden sie diese höchstwahrscheinlich mit Radiowellen übermitteln.

VON DER ASTRONOMIE ZUR ASTROPHYSIK

So wie Menschen reifen auch Wissenschaften in Phasen. Was und wie wir etwas wissen, ändert sich gleichzeitig. Bis ins 19. Jahrhundert beschäftigten sich zum Beispiel Biologen vor allem mit der Katalogisierung des Lebens auf der Erde. Heute fragen sie nach den molekularen und physikalischen Prozessen, die das Leben steuern. Das heißt, die Biologie hat sich viel Chemie und Physik einverleibt.

Die klassische Astronomie fokussierte sich bis Mitte des 19. Jahrhunderts auf Helligkeit, Farbe und Ort der Himmelskörper – so sehr, dass der französische Philosoph Auguste Comte sie formell zu den fundamentalen Grenzen der Astronomie erklärte.

»Jede Forschung, die letztlich nicht auf die einfache visuelle Beobachtung reduzierbar ist … ist uns in Bezug auf die Sterne untersagt«, schrieb er 1835 im *Cours de philosophie positive,* was heißt, dass wir »ihre chemische Zusammensetzung oder mineralogische Struktur vielleicht nie studieren können«.

Das ist sicher eine der dümmsten Bemerkungen, die je ein Gelehrter machte. Nur wenige Dekaden später folgten Entdeckungen zu allen Aspekten, die Comte als unerforschlich erklärte: chemische Zusammensetzung, Dichte, Temperatur. Motor dieser Veränderung war ein neuer Zweig der Chemie und Physik: die Spektroskopie. Die Astronomie griff sie sofort auf, was die Entstehung der modernen Astrophysik einleitete.

Zwei Wissenschaftler der Universität Heidelberg – die bis zum Aufstieg Adolf Hitlers eine der angesehensten Wissenschaftsinstitutionen der Welt war – bahnten diesem neuen Feld den Weg. Einer war der

Der Spitzname des Five-hundred-meter Aperture Spherical Radio Telescope (FAST) in China ist »Tianyan«, »Himmelsauge«.

Neil deGrasse Tyson ✔
@neiltyson

The largest Telescope in the world, a mile in circumference, is no longer in the USA. It's in the Guizhou province of China. So when Aliens say "Hi", the first humans to receive their signal will be Chinese Astrophysicists.

💬 1.6K   🔁 6.1K   ♡ 27.6K   3:42 PM · Aug 3, 2018

Das mit mehr als 1,5 Kilometer Umfang größte Teleskop der Welt steht in der Provinz Guizhou in China. Wenn Aliens »Hallo« sagen, werden also chinesische Astrophysiker ihr Signal als Erste empfangen.

Chemiker Robert Bunsen, der, wie Sie sicher schon ahnen, den Bunsenbrenner erfand, an den Sie sich vielleicht noch aus dem Chemieunterricht in der Schule erinnern. Seine Studien über Gase, die bei der Produktion von Gusseisen freigesetzt werden, verhalfen Deutschland zur Dominanz in der Schwerindustrie. Der zweite war der Physiker Gustav Kirchhoff, dessen Regeln der elektrischen Stromkreise die Studenten weltweit noch immer lernen.

Bunsen erforschte das Licht, das die verschiedenen Elemente ausstrahlen, wenn sie erhitzt werden. Kirchhoff regte an, Licht durch ein Prisma zu senden. Ein Prisma bricht Licht in seine Teilfarben auf, es lenkt jede Farbe in einem anderen Winkel ab, sodass ein Spektrum entsteht. Geschieht das an Regentropfen im Sonnenlicht, entsteht ein Regenbogen.

Die beiden Forscher entdeckten, dass chemisch reine Stoffe beim Erhitzen einen charakteristischen Satz von Merkmalen abstrahlen, die als Linien im Spektrum erscheinen, und dass diese Linienmuster sich von Element zu Element unterscheiden. Das Spektrum eines Elements ist also eine Art Fingerabdruck, der benutzt werden kann, um die Existenz dieses Elements nachzuweisen, worin auch immer es erhitzt wird.

DAS ERSTE SPEKTROSKOP

Bunsen und Kirchhoff bauten das erste Spektroskop – ein Instrument zum Messen von Spektren – aus ein paar alten Landvermesser-Fernrohren, einem Prisma und einer Zigarrenschachtel. Was hat das mit Astrophysik zu tun und mit der Frage, wie wir zu unserem Wissen kommen? Egal wie entfernt eine Lichtquelle ist: Das typische Spektrum ist immer dasselbe. Sie kann am anderen Ende des Labors sein oder in einer Galaxie, Milliarden Lichtjahre entfernt. Wird das Licht ausgestrahlt, trägt es ein charakteristisches Spektrum mit mehreren »Fingerabdrücken«, die die Beschaffenheit der Quelle identifizieren. So können Astrophysiker den chemischen Aufbau von Sternen und Exoplaneten analysieren. Und wir können unsere Aufmerksamkeit mehr dem »Was ist es?« statt dem »Wo ist es?« widmen.

ERKENNTNISSE VON AUSSERHALB DER ATMOSPHÄRE

Die Atmosphäre ist also für Radiowellen und sichtbares Licht durchlässig. Doch das Lichtfenster ist nicht perfekt. Die Turbulenzen der Luft verschmieren die Bilder des Lichts, die wir auf der Erde empfangen – was die Sterne übrigens funkeln lässt. Wünschen Sie einem Astrophysiker daher nie eine funkelnde Sternennacht.

Wie kann man diese Einschränkungen überwinden? Die eine Lösung: Der Empfänger wird über der Atmosphäre platziert und nicht auf dem Boden. Die andere: Mit einer Raumsonde wird die Strahlenquelle aus der Nähe betrachtet. Solche Objekte sind aber bisher nur innerhalb des Sonnensystems erreichbar. Für Objekte außerhalb davon bleibt noch einiges zu tun.

ERDNAHE UMLAUFBAHN | Von allen Zielen im Sonnensystem ist es am einfachsten, einen Satelliten in die Umlaufbahn der Erde zu befördern. Das benötigt weniger Energie, als ihn irgendwo anders hinzusenden. Wenn seine Höhe in Reichweite bemannter Raumfahrzeuge ist, können ihn zudem Astronauten reparieren oder auf den neuesten Stand bringen.

1 600 000 Die Entfernung der Lagrange-Punkte L1 und L2 von der Erde in Kilometer.

So ein Observatorium kann dann lange funktionstüchtig sein, wie etwa das Weltraumteleskop Hubble. Die Umlaufbahn der Erde ist auch für Navigationssatelliten nützlich oder für Satelliten, die etwa Meeresspiegel oder Temperaturen überwachen.

LAGRANGE-PUNKTE | Die Lagrange-Punkte, benannt nach dem italienischen Mathematiker Joseph-Louis Lagrange, sind Orte im Weltall, an denen alle Bewegungs- und Gravitationskräfte zwischen zwei kosmischen Körpern im Gleichgewicht sind – etwa Erde und Sonne oder Erde und Mond. Alles, was dort postiert ist, bewegt sich weder in die eine noch in die andere Richtung.

Nach Newtons erstem Bewegungsgesetz fliegt ein ins Weltall gesandtes Objekt konstant in eine Richtung, außer die Gravitation eines anderen Objekts wirkt darauf ein. An Lagrange-Punkten ruht das Objekt zwischen gleich starken Zug- und Druckkräften. Sie sind wahre Parkplätze für Weltraum-Hardware.

Jedes System aus zwei Körpern hat fünf Lagrange-Punkte. Vom Punkt L1 aus, zwischen Erde und Sonne, haben die Sonnenteleskope von NASA und ESA einen uneingeschränkten Blick auf die Sonne. L2, auf der von der Sonne abgewandten Seite der Erde, erlaubt einen uneingeschränkten Blick in die Tiefe des Weltalls, das James-Webb-Weltraumteleskop soll dort geparkt werden.

RAUMSONDEN | Wir haben viele Wege ersonnen, um von der Erde aus Wissen zu erlangen, aber der beste Weg, einen Himmelskörper kennenzulernen, ist, ihn zu besuchen. In den letzten Jahrzehnten erkundete eine Flottille von Raumfahrzeugen unser Sonnensystem, sie flogen zu jedem Planeten im System und umkreisten einige. Sie erkundeten auch einige Asteroiden und Kometen.

Wichtige Meilensteine waren:

■ **die beiden 1977 gestarteten Voyager-Sonden,** die ersten künstlichen Objekte, die das Sonnensystem verließen: 2012 Voyager 1, 2018 Voyager 2.

■ **die 1989 gestartete Raumsonde Galileo,** die auf Europa unterirdische Ozeane entdeckte, als sie von 1995 bis 2003 den Jupiter umkreiste. Am Ende stürzte sie in die Atmosphäre des Jupiters.

■ **die 2006 gestartete Raumsonde New Horizons,** die 2015 Pluto passierte und 2019 auf dem Weg aus dem Sonnensystem das Objekt 486958 Arrokoth im Kuipergürtel.

■ **die 1997 gestartete Raumsonde Cassini,** die 2004 den Saturn erreichte und ihn 13 Jahre lang umkreiste. Sie lieferte erstaunliche Bilder und beispiellose Daten über den Planeten, sein Ringsystem und seine Monde. Cassini zeigte Welten wie den eisigen Enceladus, auf dem wie auf dem Jupitermond Europa in unterirdischen Ozeanen Leben gedeihen könnte. Wie Galileo stürzte Cassini 2017 zum Ende der Mission in die Atmosphäre des Saturn.

NEUE FENSTER INS UNIVERSUM

Elektromagnetische Wellen sind nicht die einzigen Informationsquellen. Weitere Wellenarten und eine ganze Reihe von Teilchen erreichen die Erde. Immer wenn wir lernen, sie zu entschlüsseln und zu verstehen, öffnen sich neue Fenster ins Universum, so wie vor Kurzem für Neutrinos und Gravitationswellen. Und weitere, wie die für Dunkle Materie und Dunkle Energie, warten darauf, durch neue Technologien geöffnet zu werden.

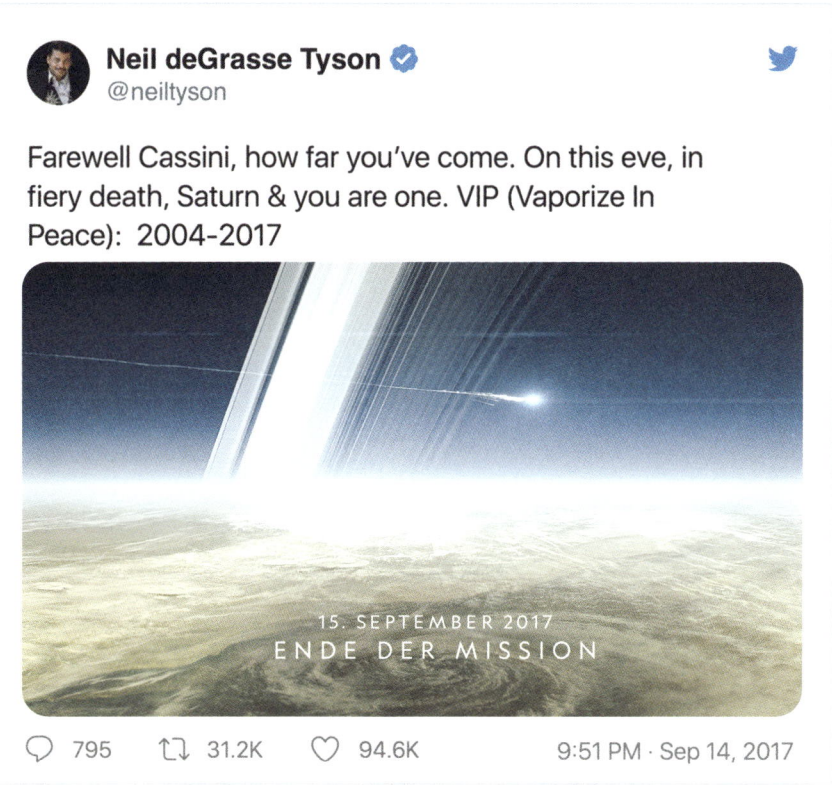

Neil deGrasse Tyson ✔
@neiltyson

Farewell Cassini, how far you've come. On this eve, in fiery death, Saturn & you are one. VIP (Vaporize In Peace): 2004–2017

15. SEPTEMBER 2017
ENDE DER MISSION

💬 795   🔁 31.2K   ♡ 94.6K   9:51 PM · Sep 14, 2017

Mach's gut, Cassini, du bist so weit gekommen! Heute Abend vereinst du dich mit Saturn im feurigen Tod. Verglühe in Frieden: 2004–2017.

NEUTRINOS ❘ »Die kleinen Neutralen« sind Elementarteilchen ohne elektrische Ladung und fast ohne Masse. Neutrinos entstehen zahlreich bei Kernreaktionen und reagieren fast nie mit Materie. Während Sie das lesen, passieren pro Sekunde 100 Milliarden davon jeden Quadratzentimeter Ihres Körpers, doch nur wenige davon werden jemals eines Ihrer Atome in Ihrem Leben anstupsen.

Der einzige Weg, Neutrinos zu entdecken, ist, ihnen viele Atome vorzusetzen, mit denen sie interagieren können. Das ist die Idee von IceCube, einem gigantischen Neutrino-Detektor am Südpol. Mit heißem Wasser wurden Löcher ins Eis gebohrt, in die man Kabel mit

Lichtsensoren hinabließ. Das Wasser fror danach wieder zu. Wenn nun ein Neutrino auf ein Atom im Eis stößt, registrieren diese Sensoren den charakteristischen Lichtblitz. Diese clevere Technik verwandelt einen ganzen Kubikkilometer Eis in einen Neutrino-Detektor.

Noch erstaunlicher ist, dass einige der mit IceCube entdeckten Neutrinos am Nordpol auf die Erde trafen und diese ohne Interaktion mit einem einzigen Atom durchliefen, bevor sie den Kubikkilometer Eis am Südpol erreichten.

GRAVITATIONSWELLEN | Nach der allgemeinen Relativitätstheorie senden schwere Objekte bei einer Beschleunigung Wellen durch das Raum-Zeit-Kontinuum wie Steine kleine Wellen durch das glatte Wasser eines Teichs.

Zwei LIGO-Observatorien – dieses hier in Louisiana, ein weiteres im Staat Washington – sammeln, vergleichen und bestätigen Belege für Gravitationswellen.

Die Darstellung der Kollision zweier Neutronensterne. Solche kosmischen Ereignisse verursachen Störungen in der Raumzeit, die LIGO entdeckt.

Diese Wellen sind sehr schwach, aber sie haben einen charakteristischen Einfluss auf materielle Objekte, denen sie begegnen. Übertrieben dargestellt verformt eine Gravitationswelle einen Fußball zu einem Football, der wieder zu einem Fußball wird, sobald die Welle vorbei ist. In Wirklichkeit sind diese Verzerrungen natürlich winzig – kleiner als der Durchmesser von Teilchen im Atomkern.

Das Laser Interferometer Gravitational-Wave Observatory (LIGO) ist eine Forschungseinrichtung mit zwei vier Kilometer langen Armen in Form eines L. Durch jeden Arm läuft ein Laserstrahl, der am Ende von einem Spiegel reflektiert wird. Wenn eine Gravitationswelle hindurchzieht, bewegen sich die Spiegel kurz, was die Weglänge verändert.

Am 14. September 2015 zeichnete LIGO die erste jemals gemessene Gravitationswelle auf, ein Jahrhundert nach Einsteins Vorhersage.

DOPPELTE ANSTRENGUNGEN

LIGO besteht aus zwei Detektoren, einem in Louisiana und einem im Staat Washington. Das System der zwei Anlagen soll zufällige Ereignisse (oder absichtliche Streiche) ausschließen, die vielleicht an einem der beiden Orte nur wie Gravitationswellen aussehen.

Die Welle entstand durch den Zusammenstoß zweier Schwarzer Löcher, die 36 und 29 Sonnenmassen hatten, und kam aus einer Galaxie, die etwa 1,5 Milliarden Lichtjahre von der Erde entfernt ist. Seitdem bauten auch andere Länder Detektoren für Gravitationswellen, sodass langsam ein weltweites Netzwerk entsteht.

DIE OBSERVATORIEN VON HEUTE

Die Erde ist gespickt mit Hunderten von astronomischen Observatorien, ein halbes Dutzend weitere fliegt im Weltall herum. Jedes hat eine spezielle Aufgabe, um unser Wissen zu erweitern. Hier einige der großartigsten dieser Fenster in den Kosmos:

OBSERVATORIEN AUF DEM BODEN | Das größte Problem der Observatorien auf dem Boden ist die durch die Atmosphäre verschwommene Sicht in den Kosmos. Luftturbulenzen und störende Gase wie Wasserdampf verzerren das Bild. Um dieses Problem zu minimieren, stehen die besten Observatorien in der Regel in großer Höhe, oberhalb der meisten Wetterereignisse, die Observatorien beeinträchtigen. Die zwei höchsten sind:

■ **die Mauna-Kea-Observatorien** | Sie stehen mitten im Pazifik auf 4200 Meter über dem Meer auf Big Island in Hawaii und beherbergen über ein Dutzend verschiedene Teleskope. Von hier aus sieht man den nördlichen und den größten Teil des südlichen Himmels. Durch die ruhige Atmosphäre, die nur minimal funkelt, überwachen allerlei Detektoren an diesen

Das Atacama Large Millimeter/submillimeter Array (ALMA) auf 5030 Meter Höhe in einer Wüste Chiles kombiniert 66 Antennen.

Teleskopen elektromagnetische Strahlung, vom infraroten über das sichtbare Licht bis zur Mikrowellenstrahlung.

■ **die Atacama-Observatorien** ❙ Abgesehen von Teilen der Antarktis ist die Atacama-Wüste in Chile der trockenste Ort auf dem Planeten. In einigen Gegenden hat es noch nie geregnet, dazu kommt die Höhe von um die 5000 Meter. Es ist einer der besten Orte der südlichen Hemisphäre für ein Teleskop. Eine wichtige Anlage ist das Radioteleskop Atacama Large Millimeter/submillimeter Array (ALMA), das aufgrund der Höhe Mikrowellen empfangen kann, bevor sie vom Wasserdampf weiter unten absorbiert werden.

OBSERVATORIEN IM WELTALL | Das Hubble-Weltraumteleskop wurde 1990 gestartet und ist das Kronjuwel unter den Weltraumteleskopen. Nach der Zahl der Forschungsarbeiten und der beteiligten internationalen Mitarbeiter ist Hubble das produktivste jemals gebaute Teleskop, womöglich sogar das produktivste wissenschaftliche Instrument aller Zeiten. Leider nähert sich Hubble nun dem Ende seines produktiven Lebens, die NASA plant keine weiteren Unterhaltmissionen.

Hubble ist eines der »Großen Teleskope« der NASA. Die anderen sind das Gammastrahlenteleskop Compton, das Röntgenteleskop Chandra und das Infrarotteleskop Spitzer. Sie sind nach den Wissenschaftlern Arthur Compton, Subrahmanyan Chandrasekhar und Lyman Spitzer benannt. Zusammen mit den oben angeführten Observatorien auf der

Der riesige Spiegel des James-Webb-Weltraumteleskops ist über sechsmal größer als der des Hubble-Teleskops. Er besteht aus 18 hexagonalen Einheiten, die sich entfalten, sobald die Sonde den Lagrange-Punkt L2 erreicht hat.

Erde versorgen sie Astrophysiker mit Informationen aus dem gesamten bekannten elektromagnetischen Spektrum. Daneben arbeitet eine Vielzahl von Raumsonden und Spezialteleskopen in den Tiefen des Weltalls. Zu den mehr als 40 heute aktiven NASA-Missionen kommen noch diejenigen anderer Länder. 2020 landete China eine Sonde auf dem Mond und die Europäische Weltraumorganisation ESA startete ein Teleskop, um Exoplaneten zu erforschen.

ZUKÜNFTIGE ATTRAKTIONEN

Pläne mit innovativen Ideen, die wichtige Probleme lösen sollen, sind zu jeder Zeit dutzendfach im Umlauf. Leider können sie nicht alle finanziert werden. Hier sind einige, die den Spießrutenlauf durch Evaluierung, Finanzierung und Entwicklung schafften und bald in Betrieb gehen – und ein Projekt, das noch auf dem Weg ist.

JAMES-WEBB-WELTRAUMTELESKOP I Das Teleskop ist der Nachfolger des Hubble-Weltraumteleskops, mit seinem 6,5-Meter-Spiegel aber viel größer. Der Spiegel aus 18 miteinander verbundenen hexagonalen Elementen besteht aus mit Gold bedampftem Beryllium. Es wird mit einer bis heute bei Weltraumteleskopen unerreichten Leistungsfähigkeit Wellenlängen von sichtbarem Licht bis in den mittleren Infrarotbereich beobachten. Primäre Ziele sind Objekte mit extrem großer Rotverschiebung. Diese ältesten Objekte im Universum sind entstehende Galaxien mit ursprünglich blauem Licht, das durch die Expansion des Universums auf seiner Reise zu uns in den roten Spektralbereich verschoben wurde. Das Teleskop wird nach dem Start (geplant Oktober 2021) am Lagrange-Punkt L2 von Sonne und Erde parken. Dort wird es – vor der Sonne durch einen großen Schirm geschützt – seine für die Reise gefalteten Spiegelelemente ausbreiten. Da der Punkt 1,5 Millionen Kilometer von der Erde entfernt ist, werden Astronauten dieses Weltraumteleskop nicht reparieren oder aufrüsten können, so wie Hubble. Es muss daher auf Anhieb funktionieren.

EXTREMELY LARGE TELESCOPE | Das Teleskop wird von der Europäischen Weltraumorganisation ESA finanziert und in der Atacama-Wüste in Chile gebaut. Sein Hauptspiegel hat einen Durchmesser von 39 Metern. Zum Vergleich: Der Durchmesser des größten im 20. Jahrhundert gebauten Teleskops für sichtbares Licht beträgt ein Viertel davon. Neben der schieren Größe des Spiegels kommt auch eine sogenannte adaptive Optik zum Einsatz, die scharfe, über zehnmal detailreichere Bilder als Hubble liefert. Dazu werden die verschiedenen Spiegelteile in Echtzeit verformt, um Turbulenzen in der Atmosphäre auszugleichen. Das Teleskop soll Exoplaneten untersuchen und abbilden – und womöglich Wasser und organische Verbindungen in protoplanetaren Scheiben nachweisen, die dereinst zu Planetensystemen werden.

LASER INTERFEROMETER SPACE ANTENNA (LISA) | Dieses System ist der nächste Schritt im Erkennen von Gravitationswellen und damit im Öffnen des Gravitationsfensters im Himmel. Auch die LISA wird durch die europäische ESA finanziert. Sie wird aus drei Satelliten bestehen, die in einer gleichseitigen Dreiecksformation fliegen, deren Seiten über sechsmal länger sind als der Abstand zwischen Erde und Mond. Das Dreieck wird etwa 50 Millionen Kilometer hinter der Erde die Sonne umkreisen. Wie LIGO, ihr Vorgänger auf der Erde, ist LISA zur Erkennung von Raum-Zeit-Kräuselungen geplant, die mit Gravitationswellen in Verbindung gebracht werden. Sie wird jedoch wesentlich empfindlicher für Gravitationswellen sein, weil die relativen Positionen von Testmassen in jedem der Satelliten vermessen werden.

Das Extremely Large Telescope (hier eine Illustration) soll 2025 in der Nähe der anderen Observatorien in der Atacama-Wüste in Betrieb gehen. Dort ist die Eintrübung der Sicht durch Wasserdampf und Turbulenzen in der Atmosphäre am geringsten.

WIE WURDE D

UNIVERSUM, V

S

AS ES IST?

Künstlerische Darstellung vom Zusammenstoß subatomarer Teilchen.

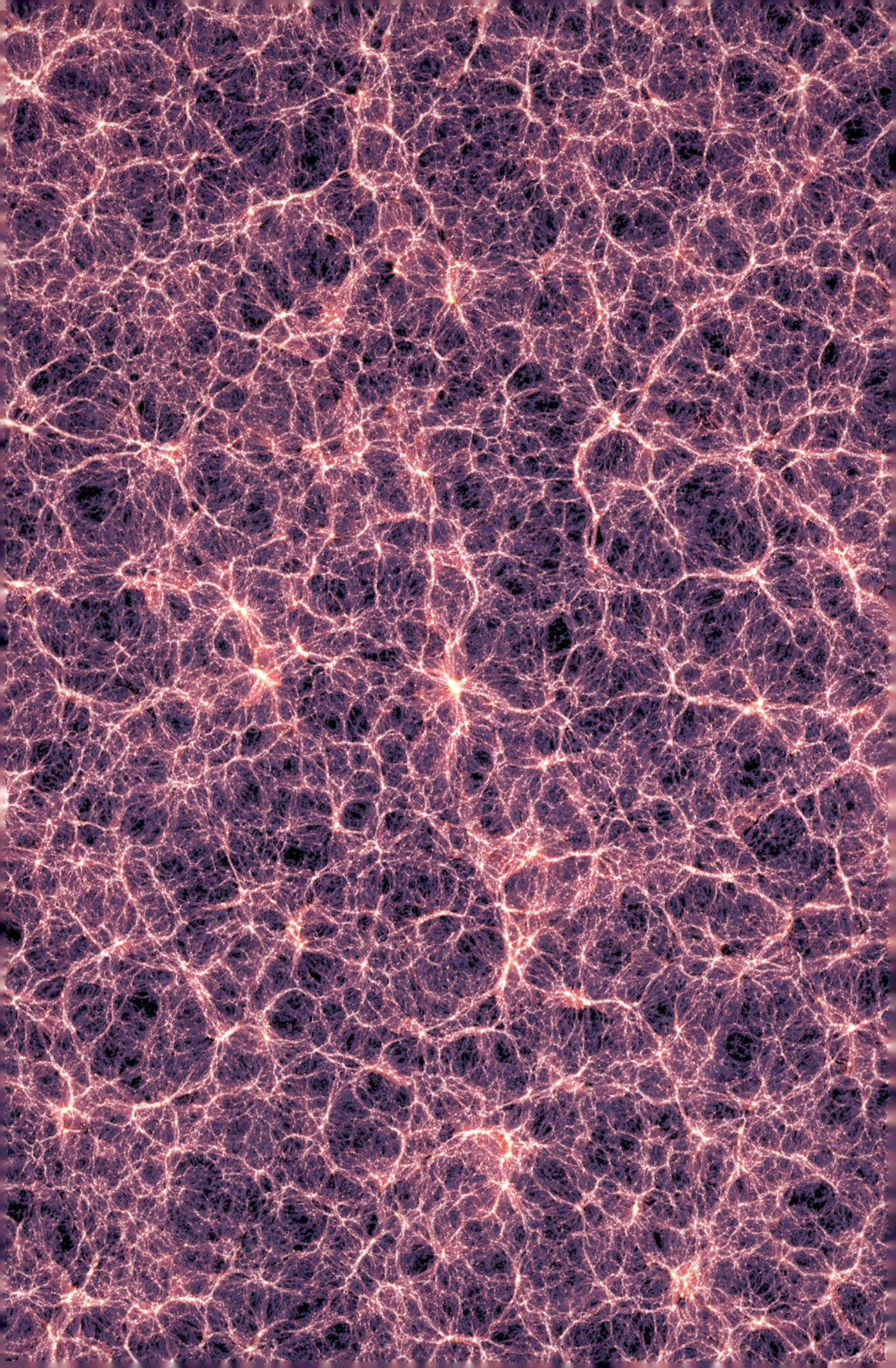

3

Edwin Hubble wies nicht nur die Existenz von Galaxien nach, er entdeckte auch die markanteste Eigenschaft des Universums: Es dehnt sich aus. Hubble bestimmte mit der Standardkerzenmethode von Henrietta Leavitt die Entfernung zu nahen Galaxien. Dann schuf er eine neue Sprosse der Entfernungsleiter, indem er diese Messungen mit einem spezifischen Merkmal entfernter Galaxien kombinierte: Die Wellenlängen des Lichts, das Atome und Moleküle dort draußen ausstrahlten, sind messbar länger als bei Messungen im Labor. Wir nennen dieses Phänomen Rotverschiebung, da rotes Licht die längste Wellenlänge von allen Farben hat, die für unser Auge sichtbar sind. Das war eine entscheidende Entdeckung für unsere Suche danach, wie das Universum zu dem wurde, was es heute ist.

Ein Faktum der Physik ist: Objekte, die eine Rotverschiebung zeigen, entfernen sich, und je größer die Verschiebung, desto schneller die Bewegung. Als Hubble die Rotverschiebungen nach Entfernung

Ein deutscher Supercomputer benötigte einen Monat, um eine dreidimensionale Simulation der Dunklen Materie im Universum zu berechnen. Das Ergebnis sieht aus wie dieses Bild.

sortierte, zeigte sich etwas Erstaunliches: Je entfernter eine Galaxie ist, desto schneller bewegt sie sich. Heute nennt man es das Hubble-Gesetz (oder Hubble-Lemaître-Gesetz), dessen Gleichung lautet:

$$v = Hd$$

Wobei v für die Geschwindigkeit der Galaxie, d für die Entfernung zu ihr und H für die Hubble-Konstante steht. Das heißt: Das Universum dehnt sich aus.

Es ist nicht wie bei einem Feuerwerk, dass die Galaxien nach außen rasen, vielmehr bewegen sie sich wie die Rosinen in einem aufgehenden Kuchen. Stellen Sie sich vor, Sie sitzen auf einer dieser Rosinen. Alle anderen Rosinen würden sich von Ihnen wegbewegen. Und je weiter weg eine Rosine ist, desto schneller bewegt sie sich, einfach weil mehr sich ausdehnender Brotteig dazwischenliegt. Die Rosinen bewegen sich nicht selbst durch den Teig, sondern werden von der Ausdehnung des Teigs mitgetragen.

Eine letzte Bemerkung zum Brotteiguniversum: Jede Rosine, die Sie sich als Standort auswählen, bietet dieselbe Sicht wie alle anderen. Ihre eigene Rosine werden Sie als ortsgebunden wahrnehmen, während alle anderen sich entfernen. Jede Rosine sieht sich selbst als das Zentrum des sich ausdehnenden Universums. In den visionären Worten des mittelalterlichen Philosophen Nikolaus von Kues: »Das Universum hat sein Zentrum überall und seinen Rand nirgendwo.«

Das Modell des sich ausdehnenden und abkühlenden Universums, das zu einem bestimmten zurückliegenden Zeitpunkt – mit aller Materie und Energie zur selben Zeit am selben Ort – anfing, wird Urknall genannt. Es enthält die zentralen Ideen über die Entwicklung des Universums zu dem von heute. Die Analyse der Ausdehnung erlaubt es uns, das Alter des Universums sehr genau abzuschätzen.

DER URKNALL

Wenn Stoffe komprimiert werden, steigt ihre Temperatur. Haben Sie jemals mit einer Handpumpe einen Fahrradreifen aufgepumpt? Dann bemerkten Sie sicher, dass das Ventil warm wurde, was durch die komprimierte Luft im Pumpenzylinder verursacht wird.

Das Universum funktioniert ähnlich. Stellen Sie sich vor, Sie ließen den Film der Hubble-Expansion rückwärts laufen: Das Universum würde kleiner und heißer. Wenn Sie Dampf bei hoher Temperatur und hohem Druck einsperren wie in einem Schnellkochtopf, was geschieht, wenn Sie den Druck ablassen? Der Dampf dehnt sich aus und kühlt so lange ab, bis er 100 °C erreicht. In diesem Augenblick geschieht etwas Entscheidendes – der Dampf kondensiert zu Wassertröpfchen. Kühlt er weiter bis 0 °C ab, gefriert das Wasser zu Eis. Diese strukturellen Umformungen nennt man Phasenwechsel. Die Geschichte des Universums gleicht diesem Dampf, nur kennt sie sechs statt zwei Phasenwechsel.

DER DOPPLER-EFFEKT

Im 19. Jahrhundert erforschte der österreichische Physiker Christian Doppler, warum sich die Tonhöhe des Pfeifens von Zügen verändert, wenn diese vorbeifahren, und entdeckte diesen Effekt. Bewegt sich die Quelle einer Welle – ob nun Licht oder Ton –, nehmen verschiedene Beobachter diese Welle unterschiedlich wahr, je nachdem, ob sich die Quelle auf sie zu oder von ihnen weg bewegt. Bewegt sich die Schallquelle auf sie zu, ist die Entfernung zwischen den Wellenkämmen – die Wellenlänge – kürzer, als wenn sie stationär bleibt, und der Ton klingt höher. Bewegt sie sich weg, wird die Welle länger und der Ton klingt tiefer. Bei Licht erzeugt eine sich entfernende Quelle Wellen mit längeren (röteren) Wellen.

Vermutlich kennen Sie den Doppler-Effekt besser, als Sie denken, Sie müssen nur darauf achten. Wenn das nächste Mal ein Krankenwagen an Ihnen vorbeifährt, hören Sie auf die klangliche Veränderung des Martinshorns: Kommt der Krankenwagen näher, wird der Ton höher, entfernt er sich, wird der Ton tiefer.

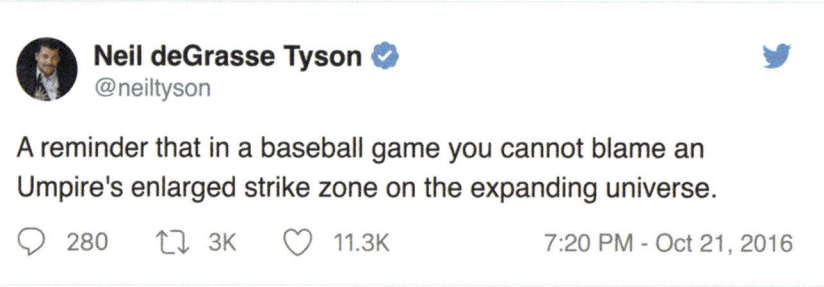

Zur Erinnerung: An der erweiterten Strike Zone eines Schiedsrichters im Baseball ist nicht die Expansion des Universums schuld.

Die ersten vier ereigneten sich, bevor das Universum eine Sekunde alt war. Wir kommen darauf zurück, sobald wir mehr darüber wissen, woraus Materie besteht. Zunächst fahren wir mit der Geschichte des sich ausdehnenden Universums im Alter von etwa einer Minute fort.

Zu diesem Zeitpunkt ist das Universum ein Schwarm aus Elementarteilchen (Protonen, Neutronen und Elektronen) und Lichtteilchen. Alle bewegen sich und kollidieren mit hoher Energie. Verbinden sich ein Proton und ein Neutron zu einem einfachen Atomkern, trennt sie die nächste Kollision wieder. Erst als das Universum etwa drei Minuten alt ist, ist es kühl genug für stabile Kerne, die die folgenden Kollisionen überstehen. Das ist ein Phasenübergang. Die ersten Kollisionen produzieren einfache Kerne aus einem Proton und einem Neutron, die folgenden bilden Kerne mit mehr Protonen – aus zwei Protonen entstehen Heliumatome und aus drei Protonen ein paar Lithiumatome. Aber nach etwa 45 Sekunden tritt ein neuer Effekt auf, der die Kernproduktion beendet. Die Hubble-Expansion trägt die Teilchen so weit auseinander, dass es zu keinen weiteren Kollisionen mehr kommt, die mehr Kerne produzieren.

So wurde das Universum weitgehend zu dem, was es ist. Das Universum gebiert selbst Kerne von Wasserstoff, Helium und Spuren von Lithium. Schwerere Elemente wie der Kohlenstoff in unserem Gewebe und das Eisen in unserem Blut werden später gebildet, im Inneren der Sterne.

Während des Urknalls bildeten sich Teilchen wie Protonen (orange), Neutronen (gelb) und Elektronen (blau). Als das Universum kühl genug war, verbanden sie sich und bildeten Atome (unten rechts).

DAS ATOMARE UNIVERSUM

Wann wurden die Atome zu Akteuren in diesem Drama, in dem sich das Universum zu dem bildete, was es ist?

Das wenige Minuten alte Universum ist ein heißes, expandierendes Gas aus Kernen, die mit freien Elektronen in einer Suppe aus elektromagnetischer Strahlung herumtoben. Dieser vierte Zustand der Materie heißt Plasma. Es bildet sich immer, wenn Elektronen in einem Gas mit üblicherweise hohen Temperaturen aus Atomen gerissen werden. Unsere Sonne – als Ort mit hoher Temperatur – besteht völlig aus Plasma.

DIE SECHS PHASENWECHSEL

Fast alle Materie auf der Erde liegt in drei Zuständen vor: fest, flüssig und gasförmig. Führt man einem Stoff ausreichend Energie zu oder entzieht sie, tritt
ein Phasenwechsel von einem Zustand in den anderen ein. Vier Übergänge
sind uns vertraut, die restlichen zwei aber kaum:

- **Schmelzen:** von fest zu flüssig
- **Erstarren:** von flüssig zu fest
- **Verdampfen:** von flüssig zu gasförmig
- **Kondensieren:** von gasförmig zu flüssig
- **Sublimation:** von fest zu gasförmig
- **Deposition:** von gasförmig zu fest

Sublimation tritt ein, wenn der Luftdruck auf einen Feststoff für den Übergang in einen flüssigen Zustand zu niedrig ist. Unser normaler Luftdruck reicht
aus, um Wasser flüssig zu halten, ist aber zu niedrig für flüssiges Kohlendioxid. Trockeneis ist zum Beispiel nichts anderes als festes Kohlendioxid; bei
Raumtemperatur und normalem Luftdruck geht es direkt in den gasförmigen
Zustand über.

Deposition tritt ein, wenn ein Gas so schnell Energie verliert, dass es die
Stufe der Kondensation überspringt und zum Feststoff wird. Ein Beispiel
dafür ist der Raureif eines kalten Wintermorgens, der nichts anderes ist als
kristallisierter Wasserdampf aus der Luft.

Der Raureif eines Wintermorgens: ein Beispiel für Deposition.

Neil deGrasse Tyson ✔
@neiltyson

Don't know if it's good or bad that a Google search on "Big Bang Theory" lists the sitcom before the origin of the Universe

🗨 4   🔁 391   ♡ 86   1:01 PM - Oct 7, 2010

Ist das gut oder schlecht? Bei der Google-Suche nach »Big Bang Theory« wird zunächst die Sitcom genannt, dann erst der Ursprung des Universums.

Atome bilden sich, wenn sich diese freien Elektronen mit einem Kern verbinden. Doch erst nach 380 000 Jahren war die Temperatur so weit gefallen, dass neu gebildete Atome stabil blieben und alle folgenden Kollisionen überstanden.

In dieser frühen Zeit aber, bevor niedrigere Temperaturen Atome erlaubten, bestand das Universum aus Teilchen mit elektrischer Nettoladung – negativen Elektronen und positiven Kernen. Die Strahlung, die sich mit dem Plasma das frühe Universum teilte, reagierte heftig mit den geladenen Teilchen. Bildeten sich im Plasma unter dem Einfluss der Gravitation Klumpen, blies die Strahlung die Materieklumpen auseinander. Stellen Sie sich die Strahlung als einen Haufen Kanonenkugeln vor, die im Plasma herumrasen und diese Ansammlungen zersprengen. So konnten sich natürlich auch keine Galaxien und Sterne – selbst Materieklumpen – bilden.

Daher ist die Entstehung von Atomen zum Ende hin so wichtig. Stabile Atome haben keine elektrische Nettoladung – Protonen innen und Elektronen außen gleichen sich aus. Diese Eigenschaft schützte die Atome gegen die gewalttätige Strahlung. Die Verwandlung des aufgeladenen Plasmas in eine Ansammlung neutraler Atome hatte zwei Effekte: Die Entstehung von Galaxien und Sternen begann und die Strahlung, die nun nicht immer von geladenen Teilchen abprallen musste, verflüchtigte sich. Das Universum wurde transparent.

DAS ZERREISSEN DER ATOME

Im frühen Universum hielten die Atome der Kraft von Zusammenstößen nicht stand und wurden zerrissen. Um ein Elektron aus einem Atom zu reißen, benötigt man nicht allzu viel Energie, das geschieht in jeder Neonröhre und Leuchtstofflampe – oder auch wenn Sie mit Socken auf dem Teppich laufen und dann jemanden an der Nase berühren.

Ein ähnliches Phänomen können Sie sehen, wenn Sie das nächste Mal Eistee zubereiten. Was geschieht, wenn Sie Zucker hinzufügen? Zuerst ist der Eistee trübe. Der verklumpte Zucker streut das Licht, das nicht ungehindert durchdringen kann. Löst sich der Zucker in elektrisch neutrale Moleküle auf, wird die Flüssigkeit wieder klar und transparent.

Sobald aus den Teilchen des Plasmas stabile Atome geworden waren, konnte die Strahlung nicht mehr verhindern, dass sich unter dem Einfluss der Gravitation Materie anhäufte. Das bekannte, gegenwärtige Universum war geboren. Die Strahlung flog davon und wurde zur kosmischen Mikrowellen-Hintergrundstrahlung.

DIE ENTSTEHUNG DES BEKANNTEN UNIVERSUMS

Wie wurde das Universum von einer sich ausdehnenden Ansammlung von Atomen zur vertrauten Welt aus Galaxien, Sternen und Planeten? Diese Frage quälte die Kosmologen lange.

Wer sie beantworten wollte, stand einem schwierigen Problem gegenüber. Da die Strahlung die geladenen Teilchen dezimiert hatte, konnte sich Materie erst zusammenballen und Galaxien bilden, als neutrale Atome auftauchten und das Universum transparent wurde. Zu dieser Zeit hatte die Hubble-Expansion die Materie jedoch so ausgedünnt, dass selbst alle bekannten Gravitationsquellen nicht genügt hätten, um ausreichend Materie für eine Galaxie anzusammeln. Was geschah also? Die Lösung brachte eine geheimnisvolle Quelle: die

Dunkle Materie. Der Astrophysiker Fritz Zwicky identifizierte diese Materie in den 1930er-Jahren erstmals als Teil eines Galaxienhaufens, dessen Galaxien sich viel schneller bewegten, als es ihre sichtbaren Schwerkraftquellen zuließen. Das Problem der Dunklen Materie im Universum war geboren. 1970 entdeckte die amerikanische Astrophysikern Vera Rubin erneut Belege für Dunkle Materie, als sie den Umlauf von Sternen in Spiralgalaxien beobachtete.

Wie der Begriff andeutet, reagiert Dunkle Materie nicht auf Licht oder irgendeine andere Art elektromagnetischer Strahlung. Sie übt aber eine gravitative Kraft aus. Es stellte sich sogar heraus, dass Dunkle Materie die Quelle von 85 Prozent aller im Universum beobachteten

Die junge Vera Rubin stellt im Lowell-Observatorium in Arizona ein Radioteleskop ein. Ihre Arbeit bestätigte die Existenz der Dunklen Materie.

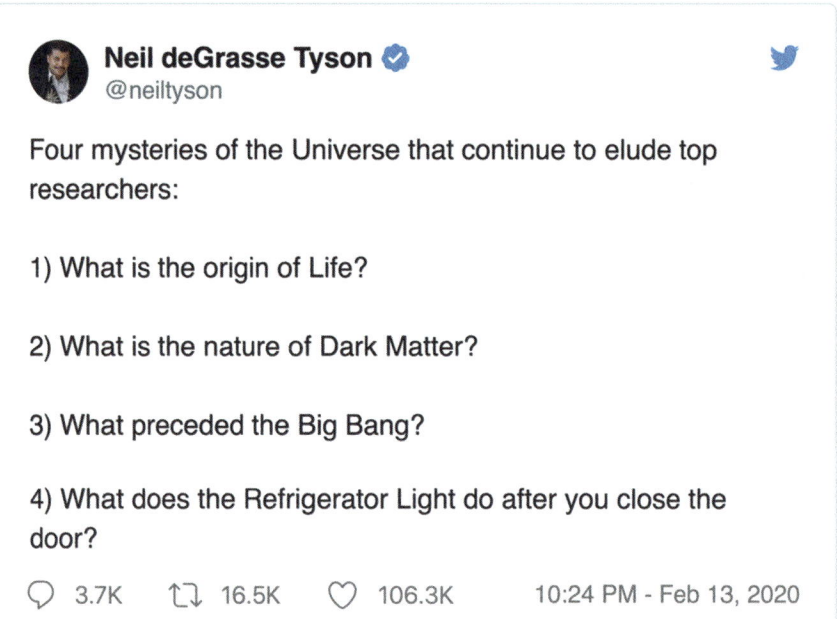

Neil deGrasse Tyson ✔
@neiltyson

Four mysteries of the Universe that continue to elude top researchers:

1) What is the origin of Life?

2) What is the nature of Dark Matter?

3) What preceded the Big Bang?

4) What does the Refrigerator Light do after you close the door?

◯ 3.7K   ↻ 16.5K   ♡ 106.3K   10:24 PM - Feb 13, 2020

Vier Geheimnisse des Universums entziehen sich den Topwissenschaftlern weiterhin:
1. Was ist der Ursprung des Lebens?
2. Was ist die Natur der Dunklen Materie?
3. Was ging dem Urknall voraus?
4. Was macht das Licht im Kühlschrank, nachdem die Tür geschlossen wurde?

Schwerkraft ist – was auch das Problem der Verklumpung erklärt. Erinnern Sie sich, dass Materie erst zu Galaxien verklumpte, als sich neutral geladene Atome bildeten, da davor die Strahlung im Plasma Ansammlungen von geladener Materie zerstreute, sobald sie sich formten? Doch die für die zerstörerische Strahlung unempfindliche Dunkle Materie häufte sich an, bevor das Universum transparent wurde. Als sich die Atome bildeten, befanden sie sich daher im Schoß Dunkler Materie – in der die Anziehungskraft beginnen und bestehen konnte. Stellen Sie sich vor, Sie würden einen Sack Murmeln auf einen Tisch voller tiefer Löcher schütten. Die Murmeln fallen wie von selbst in diese Löcher und bilden Klumpen darum herum. Der Tisch ist das Universum. Die Murmeln sind normale Materie und die Löcher sind die Effekte Dunkler Energie. Die normale Materie musste nur noch in die

Gravitationstrichter fallen, die die Dunkle Materie bereits geformt hatte. Wir haben noch keine Ahnung, was Dunkle Materie ist, wir können aber ihren gravitativen Einfluss auf normale Materie messen und vermuten, dass sie das frühe Universum dafür vorbereitete, dass sich Materie anhäufte und zu Galaxien wurde, die Sterne, Planeten und Menschen formten – das Universum, das wir heute kennen.

VON ATOMEN ZU STERNEN | Die Gravitation ist eine Bestie. Sie endet nie und zieht alles zusammen. Sterne spüren sie ständig. In jeder ihrer Lebensphasen trotzen sie mit neuer Strategie der unerbittlichen Kraft der Gravitation. Die erste ist die Kernfusion – ein grundlegender Prozess, der dazu beitrug, das Universum so zu gestalten, wie wir es heute kennen. Bei unserem letzten Blick auf das Universum hatte sich die normale Materie in den Gravitationstrichtern der Dunklen Materie zu galaxiegroßen Wolken angehäuft. Innerhalb dieser Wolken konzentrierte sich die Materie an manchen Orten mehr als an anderen. Mit anderen Worten: Die Galaxien verklumpten. Die gesteigerte Gravitation, die in diesen Klumpen wirkte, zog die Materie in der Nähe an. Die Klumpen wurden immer größer, die Gravitation dort nahm zu ... und so weiter. Die Wirkung der Gravitation verwandelte die gigantischen Wolken verstreuter Atome und Moleküle dann in eine Ansammlung kleinerer, kompakterer Objekte, aus denen schließlich Sterne und Planeten entstanden.

Die Schwerkraft lässt die gasförmige Materie kollabieren, die sich dabei erwärmt. Heiße, schnelle Atome kollidieren mit genügend Energie, um ihre Elektronen wegzureißen, und verwandeln das Gas des Protosterns wieder in Plasma. Die Kontraktion geht weiter, die Temperaturen im Zentrum steigen und erreichen Millionen von Grad. Nun geschieht etwas Neues.

600 000 000 TONNEN So viel Wasserstoff verwandelt die Sonne jede Sekunde in Helium.

DIE LEBENSZEIT VON STERNEN

Sie denken vielleicht, große Sterne lebten länger als kleine, da sie mehr Wasserstoff als Brennstoff besitzen. Aber das Gegenteil ist richtig. Da große Sterne stärker gegen die Gravitation arbeiten müssen, verbrauchen sie ihre Wasserstoffreserven viel schneller als kleine. Ein massereicher Stern kann nur Dutzende von Millionen Jahren leben, während Sterne mit der geringsten Masse Milliarden von Jahren scheinen.

Die positiv geladenen Protonen stoßen sich gewöhnlich durch ihre elektrische Kraft gegenseitig ab. Doch bei diesen hohen Temperaturen bewegen sie sich so schnell, dass sie diese Abstoßung überwinden. Sie verschmelzen zu größeren Kernen – eine Fusion, die gewaltige Energiemengen freisetzt.

Die Masse der großen Kerne ist etwas geringer als die der Summe der kleinen Ausgangskerne. Diese Differenz entspricht der Energie, die den Stern erhält. Einstein beschreibt sie in seiner berühmten Gleichung $E = mc^2$. Diese Energie drängt mit einem Druck nach außen, der zusammen mit dem Druck im heißen Plasma die Kraft der Gravitation ausgleicht und die Kontraktion stoppt. Wenn die erste Energiewelle die Oberfläche erreicht … ist der Stern geboren. Die moderne Kosmologie sagt, dass das Universum etwa 300 Millionen Jahre alt war, als der erste Stern anfing zu strahlen.

Geht einem Stern der nukleare Brennstoff aus, kommen andere Verteidigungslinien ins Spiel. Je nach Masse endet der Stern als Weißer Zwerg (als Aschehaufen in der Größe der Erde) oder als dichter, nur 16 Kilometer großer Neutronenstern (das Ergebnis einer Supernova). Eine Supernova schleudert die in der Fusion erzeugten Atome in das Weltall und sät so zukünftige Sternensysteme. Die größten Sterne enden als Schwarze Löcher – der ultimative Triumph der Gravitation.

»Mystic Mountain«, hier ein Bild des Hubble-Teleskops, ist eine Region mit starken Winden, wogenden Gasen und vielen Sternbildungen.

DIE NEBULARHYPOTHESE

Pierre-Simon Laplace war ein Mathematiker – Franzose natürlich –, dessen Name jedem Wissenschaftler und Ingenieur bekannt ist. Berühmt wurde er in Frankreich, wo ihn Napoleon, ein guter Bekannter, zum Innenminister ernannte. Er blieb nur sechs Wochen im Amt, dann erkannte Napoleon, dass Laplace kein durchschnittlicher, sondern ein schlechter Minister war, und sandte ihn zurück an die Akademie.

Laplace war also kein Gewinn für die Regierung, umso mehr für die Astronomie. Er postulierte, Sonnensysteme wie das unsere entstünden aus dem Gravitationskollaps großer Wolken aus interstellarem Gas und Staub. Da solche Wolken *nebulae* genannt werden, wurde die Idee als Nebularhypothese bekannt.

Wie schon erwähnt, erhöht der Kollaps die Temperatur im Zentrum der Wolke, es kommt zur Kernfusion – doch es kommt noch ein weiteres wichtiges Phänomen hinzu. Bis jetzt fallen einige Teile der Wolke ohne Seitwärtsbewegung direkt ins Zentrum, alle anderen gleiten in eine Umlaufbahn, während sich die Wolke weiter zusammenzieht. Die Rotationsgeschwindigkeit der Wolke erhöht sich stark und fegt alle verbleibenden Trümmer in eine sich drehende, abgeflachte Scheibe um den neu entstandenen Stern. Innerhalb dieser Scheibe, so Laplace, würden sich schließlich Planeten bilden – alle in derselben abgeflachten Ebene – und den Stern in derselben Richtung umkreisen: ein elegantes Modell für die Bildung des Sonnensystems, so wie wir es heute kennen.

EIN AUSTAUSCH, DER VIELLEICHT NICHT STATTFAND

Als Laplace sein Werk zur Himmelsmechanik Napoleon präsentierte, soll dieser gesagt haben: »Sie schrieben dieses große Buch über das System der Welt, ohne nur einmal den Urheber des Universums zu erwähnen.« Laplace erwiderte: »Sire, ich bedurfte dieser Hypothese nicht.«

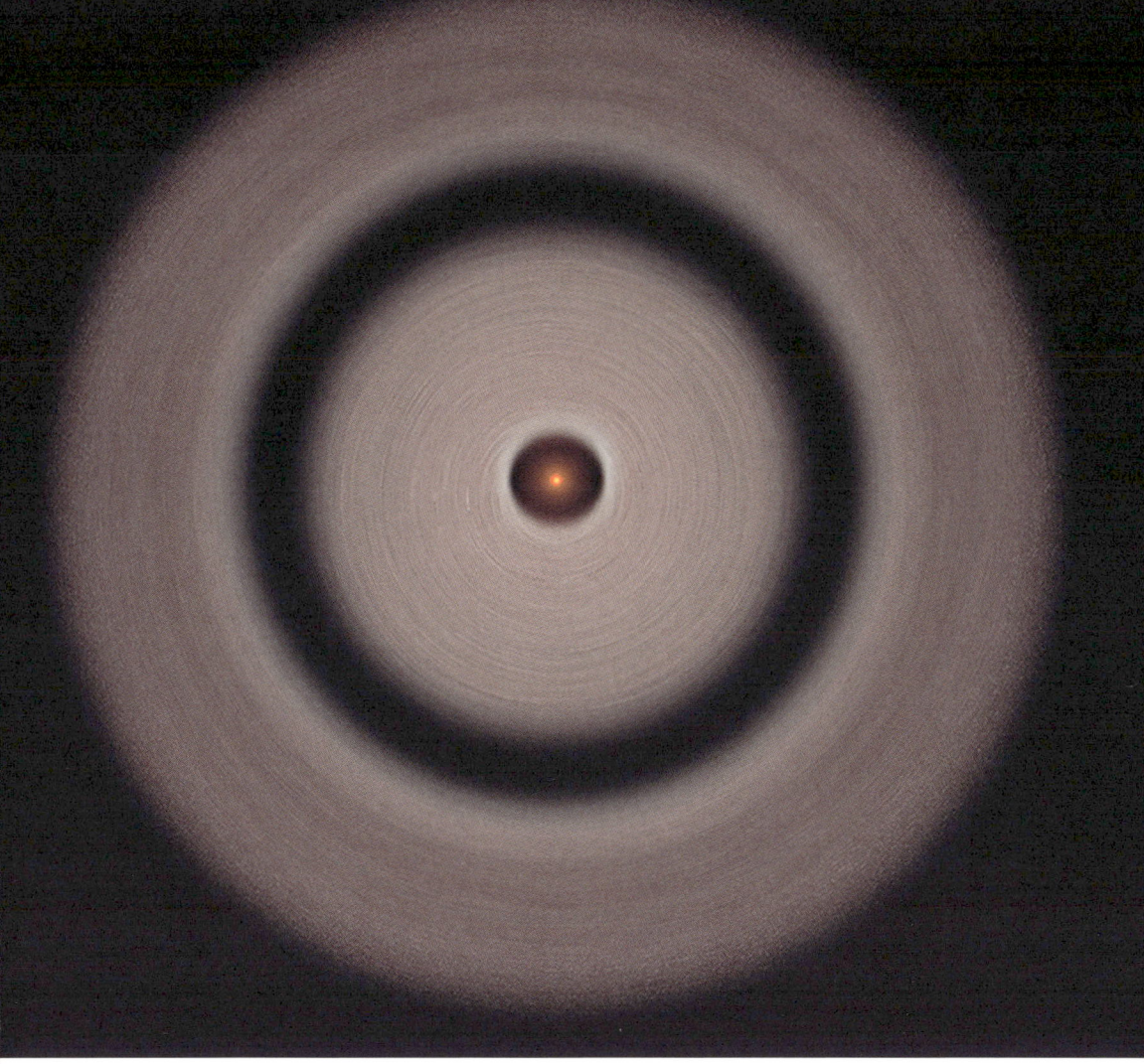

Eine grafische Darstellung von Staub und Gas, die um den 176 Lichtjahre entfernten Roten Zwerg TW Hydrae wirbeln. Der dunkle Ring deutet darauf hin, dass ein Proto-planet auf seiner Umlaufbahn Materie aufsammelt.

Die Nebularhypothese erklärt viele Merkmale unseres Sonnensystems und impliziert, dass die Bildung von Planeten etwas Gewöhnliches sein sollte – was wiederum nahelegt, dass die Erde nicht der einzige Planet der Galaxie ist, der Leben ermöglicht. Raumfahrzeuge und Teleskope haben inzwischen viele protoplanetare Scheiben um werdende Sterne gefunden. Und wir wissen, dass es vermutlich mehr Planeten gibt als die Hunderte von Milliarden Sterne in der Milchstraße.

DIE EISLINIE

Als die Fusionsreaktion der Sonne begann, fing auch der Rest des Sonnensystems an, Gestalt anzunehmen. Sehen wir uns heute in der Nachbarschaft um, finden wir große Unterschiede zwischen den Planeten. In der Nähe der Sonne finden wir die Steinwelten Merkur, Venus, Erde und Mars, sogenannte erdähnliche Himmelskörper. Weiter draußen kreisen die Gasriesen Jupiter und Saturn und die Eisgiganten Uranus und Neptun, die alle als Riesenplaneten bezeichnet werden.

Wieso dominieren zwei unterschiedliche Kategorien von Planeten das Sonnensystem? Der Nebel, aus dem unser Sonnensystem entstand, setzte sich aus zwei Arten von Materie zusammen: flüchtiger und nichtflüchtiger. Flüchtige Elemente sind Stickstoff oder Wassermoleküle, die bei Erhitzung leicht verdampfen. Nichtflüchtige Materien wie Sandkörner bleiben bei solchen Temperaturen fest.

Während also die Sonne ihre Fusionsreaktion ankurbelt, geschehen zwei Dinge. Erstens: Sie beginnt Energie auszustrahlen und die Materie in ihrer Nähe zu erhitzen. Zweitens: Der Sonnenwind – Teilchen, die sie von der Oberfläche in das All schleudert – wird drastisch stärker. Die Hitze verwandelt die flüchtige Materie in Gas und der Sonnenwind bläst dies aus dem inneren Sonnensystem. Alles, was zur Planetenbildung übrig bleibt, sind Stoffe, die nicht verdampfen.

Die Planeten, die sich aus dieser sortierten Verteilung von Materie bilden, sind klein und felsig. Diejenigen, die sich weiter von der Sonne entfernt im äußeren Sonnensystem befinden, sind groß und bestehen vor allem aus flüchtiger Materie. Die Trennlinie zwischen Gesteinsplaneten und Riesenplaneten heißt Eislinie – der Abstand zur Sonne, wo die Temperatur zu niedrig wird, um flüchtige Materie zu verdampfen.

Einfache Physik erklärt somit einige der markanten Merkmale des Sonnensystems. Tatsächlich? Wie wir gleich sehen, werden die folgenden Stufen der Evolution des Universums schnell sowohl komplex als auch seltsam.

Neil deGrasse Tyson ✔
@neiltyson

Solar System has always been a kind of shooting gallery - or rather, a cosmic ballet, choreographed by the forces of gravity.

💬 28   🔁 146   ♡ 39   3:31 PM - Nov 7, 2011

Das Sonnensystem war schon immer eine Art Schießbude – oder besser: ein kosmisches Ballett, choreografiert von Gravitationskräften.

KOSMISCHES BILLARD

Die Bildung der Planeten scheint simpel zu sein und das Sonnensystem repräsentativ für alle Sternensysteme in der Galaxie. Wir nahmen an, dass innerhalb der Eislinie Minerale und andere Feststoffe zu hausgroßen Objekten verkleben, den Planetesimalen, die sich unter dem Einfluss der Gravitation zu marsgroßen Protoplaneten verbinden. Diese würden dann in der Scheibe die restlichen Trümmer aufsammeln und zu ihrer heutigen Größe anwachsen. Weiter draußen, nahmen wir an, bildeten sich in der interstellaren Wolke die Riesenplaneten auf ähnliche Weise wie die Sonne.

Leider ist es nicht so einfach. Anfang des 21. Jahrhunderts knobelten wir herum, wie wir die Entwicklung der protoplanetaren Scheibe detailliert als Modell im Computer darstellen können. Das war alles andere als einfach.

Das innere Sonnensystem war womöglich von bis zu 30 planetengroßen Objekten bevölkert, deren gravitative Wechselwirkung einem kosmischen Billard glich. Einige dieser frühen Objekte kollidierten miteinander und zertrümmerten einander. Einige verbanden sich, andere stürzten in die Sonne. Wieder andere wurden aus dem Sonnensystem geschleudert und zu den interessantesten Objekten: vagabundierenden Planeten. Unsere acht Planeten sind also nur

Als unser Sonnensystem Gestalt annahm, wirbelten die planetarischen Objekte durch die Umlaufbahn und stießen zusammen.

glückliche Überlebende mit stabilen Umlaufbahnen. Ein aus dem Sonnensystem gestoßener Planet ist nicht mehr durch die Gravitation der Sonne gebunden, dem Gravitationsfeld der gesamten Galaxie kann er jedoch nicht entkommen. Wie die Sonne selbst wird er das Zentrum der Galaxie umkreisen. Wenn jedes Planetensystem, das seit der Geburt der Milchstraße entstand, einige heimatlose Planeten beisteuerte, kommen wir zu einem seltsamen Fazit: Es gibt mehr Planeten als Sterne in der Galaxie und es könnten sogar nur die wenigsten um Sterne kreisen.

PLANETENWANDERUNG

Während das innere Sonnensystem kosmisches Billard spielte, machten die Riesenplaneten ihr eigenes Spiel. Wir nahmen zuvor an, dass die Entstehung des Sonnensystems geräuschlos verlief.

Da haben wir uns getäuscht.

Tatsächlich rumpelte Jupiter unserem heutigen Verständnis nach durch das Sonnensystem und entwickelte dabei viele seiner Besonderheiten. Einige nennen dieses Szenario *grand tack*, in Anlehnung an die englische Bezeichnung für das Kreuzen eines Segelboots gegen den Wind, das dabei wie im Zickzackmuster ständig die Richtung ändert.

Demnach bildete sich Jupiter im Verlauf von einigen Millionen Jahren knapp außerhalb der Eislinie. Durch die Anziehungskraft der inneren protoplanetaren Scheibe steuerte er auf die Sonne zu. Während seiner Wanderung wuchs der Saturn ungefähr auf die heutige Größe und folgte ihm.

Da er kleiner ist als Jupiter, war er schneller und näherte sich Jupiter so weit, dass sie sich gegenseitig mit ihrer Gravitation beeinflussten. Die Wechselwirkung zwischen den beiden und der protoplanetaren Scheibe ließ sie wieder nach außen wandern. Gleichzeitig bildeten sich Uranus und Neptun und die Anziehungskräfte zwischen den äußeren Planeten zwangen diese beiden in ihre heutigen Umlaufbahnen.

So seltsam diese komplizierte Choreografie der äußeren Planeten erscheinen mag, so erklärt sie doch viele Merkmale der inneren und schärft unser Verständnis dafür, warum sich das Universum genau so gestaltete. Jupiter pflügte sich durch die protoplanetare Scheibe wie die Bowlingkugel durch die Kegel. Etwas Materie der Scheibe wurde in die Sonne gestoßen, andere aus dem Sonnensystem herausgeschleudert. Der Mars und der Asteroidengürtel sind daher viel kleiner, als man erwarten würde.

Jeder Protoplanet, der größer als die Erde geworden wäre, hätte dasselbe Schicksal erlebt. Daher ist die Erde der größtmögliche Gesteinsplanet unseres Sonnensystems.

DIE MISERE VON PLUTO

Im Sonnensystem war Pluto noch nie nicht merkwürdig. Er ist ein kleiner Planet – und doch dort, wo die Eisriesen sind. Und er wandert auf einer im Vergleich zu den anderen Planeten seltsam geneigten Bahn.

Tatsächlich ist Pluto das erste entdeckte Objekt des Kuipergürtels. Bis 2006 wurde er als Planet betrachtet, dann in einer kontrovers diskutierten Entscheidung offiziell zum Zwergplaneten zurückgestuft. Die Internationale Astronomische Union (IAU) legte für den Status als Planet drei Kriterien fest:

- ■ **1.** Das Objekt umkreist die Sonne.
- ■ **2.** Das Objekt ist rund.
- ■ **3.** Das Objekt räumt seine Umlaufbahn frei.

Pluto erfüllt nur zwei der Kriterien: Er umkreist als rundes Objekt die Sonne, ist aber nicht groß genug, um mit seiner Gravitation seine Umlaufbahn zu dominieren. Er teilt sich den Raum mit anderen kleinen, eisigen Objekten mit ähnlichen Umlaufbahnen. Sie werden alle Plutinos genannt.

Einige Astrophysiker, viele Planetenforscher und jeder, der in der Schule lernte, dass Pluto ein Planet ist, sehen die Planetendefinition der IAU kritisch. Sie umfasst Kriterien dafür, wo man ein Objekt findet, aber weniger dafür, was es ist – und neben anderen Problemen erschwert dies die Bemühungen, die vagabundierenden Planeten im interstellaren Raum als solche zu definieren.

Zudem besitzt Pluto eine aktive Geologie, eine dünne, aber komplexe Atmosphäre und vermutlich einen unterirdischen Ozean aus flüssigem Wasser. Er könnte wie Europa und Enceladus Leben beherbergen.

Pluto in einer Montage aus Bildern der Raumsonde New Horizons.

Neil deGrasse Tyson ✔
@neiltyson

#PlutoFacts: Earth's Moon is five times more massive than Pluto. Get over it.

💬 216 🔁 3.1K ♡ 4.3K 4:02 PM - Jul 12, 2015

PlutoFacts: Der Mond der Erde ist fünfmal größer als Pluto.
Finden Sie sich damit ab.

Die Umgruppierung der vier Riesenplaneten am Ende der planetarischen Manöver sandte schließlich einen Regen aus Eiskometen und Trümmern Richtung Gesteinsplaneten, das sogenannte Große Bombardement. Einige Belege deuten darauf hin, dass dies auch der Ursprung des Wassers auf der Erde ist.

DER WELTRAUM

Das ist die aktuelle Geschichte des Sonnensystems mit unseren acht wohlbekannten Planeten. Was befindet sich jenseits davon und wie kam es dazu?

Am Neujahrstag 2019 passiert die Raumsonde New Horizons ein Objekt im Kuipergürtel, ein Reich von kleinen Eiskörpern unseres Sonnensystems. Offiziell als 2014 MU69 bezeichnet, bekommt es den Namen Arrokoth, in der Sprache indigener Völker Nordamerikas das Wort für »Himmel«. Es ist eines von Millionen solcher Objekte, die die Sonne in einer breiten Scheibe außerhalb des Orbits von Neptun, unserem entferntesten Planeten, umkreisen.

Die meisten Kuipergürtel-Objekte (KBO, für die englische Bezeichnung Kuiper Belt Objects) bestehen aus gefrorenen flüchtigen Stoffen wie Wasser, Ammoniak und Methan.

Diese Stoffe waren für all den Hokuspokus, der in der Nähe der Sonne ablief, zu weit entfernt und blieben daher in einem Zustand wie in den frühesten Phasen des Sonnensystems – so wie die Schutthaufen einer Baustelle, nachdem das Gebäude fertig ist.

2003 wurde im Geröll des Kuipergürtels ein Objekt in Planetengröße entdeckt. Es ist nur wenig kleiner als Pluto und bekam den Namen Eris.

DIE NAMEN DER KUIPERGÜRTEL-OBJEKTE

Kuipergürtel-Objekte werden üblicherweise nach Figuren aus Schöpfungsmythen benannt. Oft erhalten sie aber schon vor der offiziellen Namensgebung Spitznamen. Eris ist zum Beispiel nach der griechischen Göttin der Zwietracht getauft, wurde zuvor aber nach der fiktiven Kriegerprinzessin einer Fernsehserie Xena genannt. Makemake wurde zu Ostern entdeckt und hieß deshalb Osterhase, bevor es offiziell den Namen des Hauptgotts aus dem Pantheon der Osterinsel bekam.

Diese Illustration zeigt einen Schwarm von Eiskörpern im Kuipergürtel, allerdings dichter, als sie in der Realität sind.

Über ein Dutzend planetarischer Objekte wie dieses wurden entdeckt, und es könnte noch viel mehr geben. Andere KBOs tragen Namen wie Haumea und Makemake, was oft darauf hindeutet, dass man sie auf Hawaii mit einem der Teleskope des Mauna Kea auf Big Island fand. Eine besonders interessante Hypothese beruht auf den irregulären Umlaufbahnen einiger KBOs und besagt, dass es dort draußen einen Körper von der zehnfachen Größe der Erde geben könnte, der an ihnen zerrt. Und hinter dem Kuipergürtel liegt eine weite, noch zu erforschende Region, die das Sonnensystem kugelförmig umgibt, die Oortsche Wolke, die ebenfalls aus Eisobjekten besteht.

Die lauschige Welt des bekannten Sonnensystems – Planeten, Monde und Asteroiden – ist tatsächlich nur ein winziger Teil des Ganzen. Das Sonnensystem erstreckt sich weit über das hinaus, was wir bis vor Kurzem für seine Grenze hielten.

WIE ALT IST DA

UNIVERSUM?

Astrophysik inspiriert die Kunst:
eine Illustration der ersten Sterne, die im frühen
Universum entstanden.

S

Diese Worte hier lesen Sie nicht, wie sie genau jetzt sind, sondern wie sie einige Nanosekunden zuvor waren. So lang benötigt das Licht von der Buchseite zu Ihren Augen. Genauso braucht das Licht von der Sonne etwa acht Minuten von ihrer Oberfläche zur Erde. (Die Sonne könnte also auch vor fünf Minuten explodiert sein, doch Sie müssen noch drei Minuten warten, um das herauszufinden.)

Wenn wir wissen wollen, wie alt das Universum ist, müssen wir Licht finden, das die entferntesten Objekte ausstrahlten. Das Alter des Universums wird auf 12,5 oder 13,8 Milliarden Jahre geschätzt, die meisten Forscher einigten sich auf 13,8. (Die Gründe für die Differenz besprechen wir gleich.) Das heißt, das älteste Licht, das wir heute finden, wurde vor 13,8 Milliarden Jahren ausgestrahlt. Wäre das Universum statisch oder stationär, würden wir sagen, das beobachtbare Universum ist eine Kugel mit einem Radius von 13,8 Milliarden Lichtjahren.

Die Daten für dieses Bild des »ersten Lichts« in der Morgendämmerung des Kosmos stammen von Erd- und Weltraumteleskopen.

Aber unser Universum ist nicht statisch, sondern dehnt sich aus. Während das Licht von der entfernten Galaxie zur Erde wandert, bewegt sich diese Galaxie also weiter von uns weg. Wenn wir das beobachtbare Universum als alle Objekte definieren, die wir sehen können oder je sahen, dann sprechen wir über eine Kugel, die sich von uns als Zentrum etwa 45 Milliarden Lichtjahre in jede Richtung erstreckt.

Doch vielleicht erstreckt sich das Universum über das hinaus, was wir sehen können. Wir groß ist dann der Anteil des beobachtbaren Universums am Gesamtuniversum? Einige Theoretiker meinen, das beobachtbare Universum sei nur ein kleiner Teil des Ganzen. Dann läge sein Rand, wenn es ihn denn gibt, für immer außerhalb unserer Reichweite.

Wer weiß, was hinter dem kosmischen Horizont lauert, geschweige denn wie alt es ist? Schon das, was wir innerhalb davon entdecken, birgt noch immer Überraschungen und vermehrt unser Wissen – und zugleich unsere Fragen.

ÜBERRASCHUNG NR. 1: KOSMISCHE MIKROWELLEN-HINTERGRUNDSTRAHLUNG

Alles mit einer Temperatur über dem absoluten Nullpunkt strahlt elektromagnetische Wellen aus. Die Wellenlänge hängt von der Temperatur der Objekte ab: Die Sonne, mit einer Oberflächentemperatur von etwa 5000 °C, strahlt im sichtbaren Spektrum am stärksten. Normale Objekte auf der Erdoberfläche, auch Ihr Körper, strahlen im infraroten Bereich – mit längeren Wellen als das sichtbare Licht. Objekte mit niedrigerer Temperatur strahlen in noch längeren Wellen. Der kosmische Mikrowellenhintergrund stammt aus der Zeit des jungen Universums.

Diese Veränderung der Strahlenenergie bemerken Sie, wenn Sie an einem Lagerfeuer sitzen. Lodert das Feuer, scheinen die Kohlen weiß zu glühen und Licht in allen sichtbaren Wellenlängen auszustrahlen.

Sinkt es in sich zusammen, werden die Kohlen rot. Sie emittieren noch immer sichtbares Licht, aber es hat sich im Durchschnitt in längere Wellenbereiche, in den roten Bereich des Spektrums verschoben. Am nächsten Morgen glühen die Kohlen nicht mehr. Aber wenn Sie die Hand darüber halten, fühlen Sie noch Wärme – die infrarote Strahlung der warmen Kohlen.

Das Universum ist wie diese Kohlen. Es begann heiß und dicht und kühlte sich in der Expansion über Milliarden von Jahren ab. Analysieren wir seine Strahlung, können wir die Spuren seiner Geschichte verfolgen und so sein Alter und seine Größe messen.

1964 führten Arno Penzias und Robert Wilson, zwei Physiker der Bell Telephone Laboratories in New Jersey, ein praktisches und langweiliges Experiment durch, als sie ganz nebenbei eine geheime Botschaft aus dem Universum entschlüsselten. Zu dieser Zeit war Satellitenkommunikation noch neu und die Systeme sendeten im Mikrowellenbereich. Penzias und Wilson benutzten einen alten Mikrowellenempfänger, um den Himmel nach allen möglichen zufälligen Mikrowellensignalen abzusuchen, da diese Strahlung die Satelliten leicht stören konnte.

WAS IST DER ABSOLUTE NULLPUNKT?

Temperatur und Alter des Universums gehen Hand in Hand. Um aber über Temperatur zu sprechen, benötigen wir einen Nullwert. Kälte gibt es nicht, nur das Fehlen von Wärme. Wenn Sie Wärme abführen, erreichen Sie eine Grenze: minus 273,15 °C oder null Kelvin – der absolute Nullpunkt. Dieser Zustand liegt vor, wenn in einem Stoff keinerlei Wärmeenergie verbleibt. Die Bewegung von Atomen und Elementarteilchen ist dann so gering wie möglich.

Temperatur ist ein Maß für die atomare Bewegung. Bei Raumtemperatur bewegen sich Atome so schnell wie Düsenjets, aber über winzige Distanzen. Der absolute Nullpunkt wurde in den Laboren noch nie erreicht, Physiker am MIT kamen ihm jedoch schon ziemlich nahe, als sie Natriumgas auf ein 450-milliardstel Kelvin abkühlten.

Arno Penzias und Robert Wilson betrachten ihre hornförmige Mikrowellenantenne, mit der sie eine der größten Entdeckungen des 20. Jahrhunderts machten: die kosmische Mikrowellen-Hintergrundstrahlung.

Zu ihrer Bestürzung fanden sie überall ein schwaches Mikrowellensignal, wohin auch immer sie die Antenne richteten. In solchen Situationen gehen Forscher davon aus, dass ihre Apparate fehlerhaft sind, darum suchten Penzias und Wilson lange dort nach der Fehlerquelle. Sie fanden einige Tauben, die in der Antenne nisteten und »eine weiße nicht leitende Substanz« darin ablagerten, wie es die Physiker taktvoll formulierten. Aber selbst nachdem sie die Tauben verscheucht und die Antenne geputzt hatten, blieb das Mikrowellenrauschen in ihren Kopfhörern.

DIES – ODER DAS?

Apropos Tauben … Als Robert Wilson von der Bedeutung der Entdeckung erfuhr, soll er gesagt haben: »Wir haben entweder einen Haufen Vogelscheiße entdeckt oder den Ursprung des Universums.«

Die beiden kontaktierten schließlich die Physiker der nahe gelegenen Princeton University, die zu dem Schluss kamen, dass das Rauschen kein Produkt ihres Empfängers war, sondern tatsächlich aus dem Weltall stammte, weshalb sie es auch aus jeder Richtung hörten. Die Physiker erklärten, dass ein sehr heißes Universum nach Milliarden von Jahren der Abkühlung nun eine Mikrowellenstrahlung abgeben würde. Wie die Kohlen des Lagerfeuers strahlt das Universum in einer seiner jetzigen Temperatur entsprechenden Wellenlänge.

Diese überraschende Entdeckung zeigte uns, dass wir in die Zeit zurücksehen können, zu Ereignissen wenige Hunderttausend Jahre nach dem Urknall. Die anschließenden Messungen mit Satelliten bestätigten das Bild tatsächlich. Der sogenannte kosmische Mikrowellenhintergrund (im Folgenden mit KMH abgekürzt) liefert wichtige Belege für die Urknall-Theorie.

Penzias und Wilson erhielten für ihre Arbeit 1978 den Nobelpreis.

ÜBERRASCHUNG NR. 2: DIE BOTSCHAFT IN DEN MIKROWELLEN

Woher kommen die kosmischen Mikrowellen? Erinnern Sie sich, dass etwa 380 000 Jahre nach dem Urknall das Universum so weit abgekühlt war, dass Atome überleben konnten? Und dass die Materie im sich ausdehnenden Universum in der Zeit davor die Form von Plasma hatte, die alle Strahlung enthielt.

Als sich die Atome bildeten, wurde das Universum transparent und die elektromagnetischen Wellen wurden freigesetzt. Seitdem dehnt die Expansion des Raums die Wellen und kühlte das Universum auf

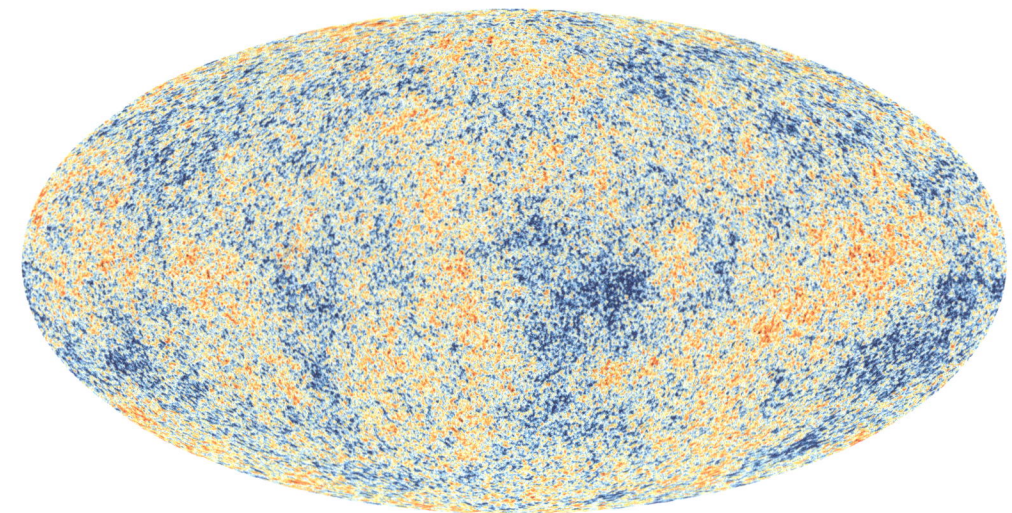

Die Karte zeigt die winzigen Fluktuationen im kosmischen Mikrowellenhintergrund (KMH) – die Wärme im gesamten Universum, die vom Urknall übrig blieb.

eine Temperatur ab, die Mikrowellen emittiert. Der kosmische Mikrowellenhintergrund ist also ein Zeitkanal zu dem Zustand, als sich die Atome bildeten.

Das bringt uns zu einem überraschenden Sachverhalt. Egal wohin wir in den Kosmos blicken, die Temperatur des KMH ist bis auf ein Zehntausendstel gleich. Das gesamte Universum kann nur eine einheitliche Temperatur besitzen, da es komplett in thermischem Kontakt mit sich selbst war. Die Temperaturen in den Räumen Ihrer Wohnung variieren stärker als diese. Und egal wie groß Ihre Wohnung ist, sie ist viel, viel kleiner als das Universum.

Genau hier beginnt die Temperatur etwas über das Alter und die Größe des Universums zu erzählen. Der KMH führt uns zurück zur Bildung des Universums. Die 380 000 Jahre vom Urknall bis zur Entstehung von Atomen hätten genügend Zeit geboten, um Teile des Universums leicht abweichend abkühlen zu lassen, was zu geringen Temperaturunterschieden geführt hätte.

Wie kann das gesamte Universum wissen, welche Temperatur es haben soll? Und ihr so präzise entsprechen – überall? Die Tatsache, dass die Temperatur überall dieselbe ist, legt nahe, dass das Universum mit der Expansion weit weniger Zeit verbrachte als angenommen. Wir nennen dies das Horizontproblem – und wir brauchen das Inflationsmodell, um es zu erklären.

ÜBERRASCHUNG NR. 3: DIE KOSMISCHE INFLATION

Die Elementarteilchenphysik ist sicherlich eine der bedeutendsten Entwicklungen der modernen Wissenschaft und für die Suche nach dem Alter des Universums entscheidend.

Das neugeborene Universum war einst so heiß, dass starke Kollisionen die Materie in ihre grundlegendsten Formen zerriss. Die Wechselwirkungen zwischen diesen elementaren Teilchen prägten die erste Stufe der Evolution der Materie. Um das Größte zu verstehen, das wir kennen – das beobachtbare Universum –, müssen wir das Kleinste verstehen, das wir kennen: die Elementarteilchen.

Einer der frühesten Durchbrüche in der Erforschung dieser Art von Kosmologie gelang 1979, als der amerikanische Physiker Alan Guth und andere die Idee des inflationären Universums entwickelten. Zur Zeit der Namensgebung überstieg die Inflationsrate in den USA die zehn Prozent.

Die Idee der kosmologischen Inflation wird noch immer erforscht und entwickelt, aber einige Punkte haben sich bereits bewährt. Mit den Erkenntnissen der Teilchenphysik entdeckte Guth, dass das Universum im Alter von 10^{-35} Sekunden einfror.

Gefrieren ist ein bekannter Phasenwechsel. Einige flüssige Stoffe wie Wasser dehnen sich leicht aus, wenn sie fest werden. Daher bersten bei Kältewellen unisolierte Wasserrohre.

Guth stellte fest, dass auch das Universum, als es diesen speziellen inflationären Phasenübergang durchlief, enorm expandieren konnte – eine Ausdehnung des Raums selbst.

EIN ZEHNTAUSENDSTEL

Sie bekommen eine Vorstellung davon, was eine Abweichung von weniger als einem Zehntausendstel bei einer Messung bedeutet, wenn Sie zwei angeblich präzise Meterstäbe nebeneinanderlegen und einer davon weniger als eine menschliche Haarbreite länger ist. Dann unterscheiden sie sich um ein Zehntausendste.

Faszinierend. Der Hypothese zufolge war das Universum vor der Inflation auch viel kleiner, als zu erwarten wäre, wenn wir den Film ab der Hubble-Expansion einfach rückwärts abspulen würden. In dieser Prä-Inflations-Periode war das Universum winzig, und daher war es auch klar, dass alle seine Teile ein thermisches Gleichgewicht und dieselbe Temperatur erlangten. Einmal vorhanden, blieb diese Einheitlichkeit in der folgenden schnellen Expansion überall im Universum erhalten.

Nicht nur das! Größere Schwankungen glichen sich auch aus und wurden in der schnellen Ausdehnung geringer. Das Inflationsmodell erklärt so nicht nur, warum das riesige Universum überall dieselbe Temperatur hat, sondern auch, warum die Temperaturschwankungen so klein sind. Somit löst es auch das Horizontproblem.

ÜBERRASCHUNG NR. 4: TEMPERATURUNTERSCHIEDE IM KMH

Um die Bedeutung der kleinen, aber feststellbaren Unterschiede im KMH zu verstehen, müssen wir uns daran erinnern, wie das Universum vor der Bildung von Atomen aussah. Alle Materie lag als Plasma vor, mit geladenen Teilchen wie Protonen und Elektronen, die in einem Meer elektromagnetischer Strahlung herumtobten.

Eine künstlerische Visualisierung der Dunklen Energie, die die kosmische Inflation des Universums vorantreibt.

 **Neil deGrasse Tyson** ✔
@neiltyson

The Cosmos -- 13.8 Billion years in the making...

💬 172   🔁 785   ♡ 672   8:44 PM - Oct 26, 2013

Der Kosmos – seit 13,8 Milliarden Jahren entwickelt er sich ...

Sobald Materie verklumpte, wurde sie von der hochenergetischen Strahlung wieder zerrissen. Jedes dieser Ereignisse produzierte eine Welle im Plasma. Wegen ihrer Ähnlichkeit zu Schallwellen werden diese Wellen oft akustische Wellen genannt oder akustische Oszillation. Das Plasma verdichtete sich in einigen Regionen mehr als in anderen. Die Wellen bildeten ein komplexes Muster im Plasma, das in den dichteren Bereichen noch komplexer war, so wie in einem Teich, in den man eine Handvoll Steine wirft. Diese Muster verbreiteten sich im Plasma, bis sich Atome bildeten und die Strahlung freigesetzt wurde.

Bis dahin prägten diese Muster die Strahlung und wurden so in der Struktur des Universums »eingefroren«. Die Regionen mit hoher Dichte, inklusive Dunkler Materie, waren die Keimzellen der Galaxien. Daher können uns Studien darüber, wo die Galaxien im Universum sind, in Verbindung mit einer detaillierten Temperaturkarte des KMH dabei helfen, die Geschichte des Universums und sein Alter zu ermitteln.

KLEINE ZAHLEN

An diesem entscheidenden Zeitpunkt, als sich die Inflation ereignete, war das Universum 10^{-35} Sekunden alt. Das ist ein Dezimalkomma gefolgt von 35 Nullen und einer Eins: 0,00000000000000000000000000000000001. Versuchen Sie nicht, sich das vorzustellen, das liegt weit außerhalb jeglicher Erfahrung. Ein Anhaltspunkt: Der schnellste Computer der Welt benötigt etwa 10^{-18} Sekunden für eine Berechnung – eine Ewigkeit im Vergleich dazu.

Eine Übersicht über die Galaxien, zusammen mit den Daten der europäischen Raumsonde Planck, die mit hoher Genauigkeit die Temperaturvariationen im KMH vermaß, liefert so zuverlässig ein Alter des Universums: 13,8 Milliarden Jahre. Aber machen Sie es sich mit dieser Lösung nicht zu bequem. Es gibt noch einen Weg, das Alter zu ermitteln, und der bietet ein anderes Ergebnis.

DIE ASTRONOMISCHE ENTFERNUNGSLEITER

Der KMH liefert einen Weg, Alter und Größe des Universums zu ermitteln. Wie so oft in der Wissenschaft gibt es aber auch andere, davon völlig unabhängige Wege, dieselben Fragen zu beantworten. Diese Alternativen ermöglichen eine Überprüfung unserer Annahme und Messung, da sie von anderen Eigenschaften des Universums ausgehen. Idealerweise würden natürlich alle Methoden dieselben Ergebnisse erbringen.

Eine alternative Methode, das Alter des Universums zu messen, beruht auf seiner großräumigen Struktur. Leider stößt diese Technik auf eine der hartnäckigsten Herausforderungen für Astrophysiker: die Entfernung zu astronomischen Objekten zu ermitteln. Ein matter Stern am Himmel könnte nahe und lichtschwach sein, aber ebenso lichtstark und weit entfernt. Hier kommen wir auf die Entfernungsleiter zurück.

Stellen Sie sich vor, Sie wollen eine Entfernung messen. Wenn wir über einen Gegenstand in Ihrer Wohnung sprechen, genügt ein einfacher Meterstab. Sprechen wir jedoch über die Größe Ihrer Stadt, hätten Sie vermutlich gern ein anderes Instrument – etwa den Kilometerzähler Ihres Autos.

Dementsprechend würden Sie Satellitendaten verwenden, um die Distanz zu einer Stadt auf einem anderen Kontinent zu ermitteln. Abhängig von der gesuchten Entfernung verwenden Sie ein Messgerät mit einer anderen Skala, also eine andere Sprosse auf der Entfernungsleiter. Im Idealfall überlappen sich die verschiedenen Messtechniken in einer Region und Sie können überprüfen, ob beide Methoden zum selben Ergebnis führen. Wir müssen sicherstellen, dass die verschiedenen Teile der Leiter korrekt zusammenspielen.

Wir sind bereits den ersten beiden Sprossen der astronomischen Leiter begegnet. Die einfachste Art der Entfernungsberechnung ist die Triangulation, oder Parallaxe. Die Messung des Winkels der Sichtlinien zu einem Objekt und etwas simple Geometrie ermöglichen uns, die Distanz zu ihm zu erfahren. Der 2013 gestartete ESA-Satellit Gaia führte Hunderte von Millionen Parallaxenmessungen durch. Das dehnte die erste Stufe der Entfernungsleiter auf etwa 25 000 Lichtjahre aus und umfasste variable Cepheiden-Sterne.

Auf diese Messmethode setzen wir die Standardkerzenmethode von Henrietta Leavitt auf, was uns zu anderen Galaxien bringt. Doch bei einer Entfernung von mehr als 100 Millionen Lichtjahren können wir in diesen Galaxien keine einzelnen Sterne mehr unterscheiden.

Der Satellit Gaia der Europäischen Weltraumorganisation (hier eine Illustration) umkreist die Sonne. Er soll eine dreidimensionale Karte von einer Milliarde Sternen erstellen.

In unserer Galaxie, der Milchstraße, sieht Gaia fast zwei Milliarden Sterne. In der Mitte verläuft die galaktische Ebene, die flache Scheibe, in der die meisten Sterne liegen.

Wir benötigen also einen neuen Meterstab, eine neue Standardkerze, um die Größe des Universums zu messen und daraus sein Alter abzuleiten.

ÜBERRASCHUNG NR. 5: DUNKLE ENERGIE

Der beste Weg, die Entfernungsleiter um eine dritte Sprosse zu erweitern, ist es, eine weitere Standardkerze zu finden, die man über große Distanzen hinweg sehen kann. Zum Glück hat die Natur gerade so ein Objekt geliefert: eine Supernova vom Typ 1a.

Solche Supernovae entstehen, wenn sich zwei Sterne umkreisen, von denen einer ein Weißer Zwerg ist. Diese haben die Masse der Sonne, sind aber eine Million Mal kleiner und daher eine Million Mal dichter. Der Weiße Zwerg zieht Materie von seinem Begleiter ab, bis seine Masse sich dem 1,4-fachen der Sonne nähert. An dieser »Chandrasekhar-Grenze« (nach dem indoamerikanischen Astrophysiker Subrahmanyan Chandrasekhar) entzündet der Druck thermonukleare Reaktionen, die den Weißen Zwerg zerreißen.

Die Supernova kann wochenlang heller scheinen als die gesamte Galaxie, von der sie Teil ist. Und da alle Supernovae vom Typ 1a explodierende Weiße Zwerge mit ungefähr gleicher Masse sind, sind auch ihre Helligkeitsprofile gleich – und wir haben eine Standardkerze, die auf große Entfernungen sichtbar ist. Ab den 1990er-Jahren fingen Astrophysiker an, mit Standardkerzen vom Typ 1a-Supernova die Geschichte der Hubble-Expansion zu erforschen. Jeder erwartete, dass sich die Ausdehnung aufgrund der kollektiven Gravitationskräfte aller Bestandteile des Universums verlangsamt.

Wie es manchmal so ist, wurde genau das Gegenteil beobachtet. Die entfernten Galaxien waren dunkler (also weiter weg) als erwartet. Die Expansion des Universums beschleunigt sich somit. Ein unbekannter

Eine Darstellung des Doppelsternsystems RS Ophiuchi, das aus einem Weißen Zwerg und einem Roten Riesen besteht, die sich umkreisen. Der Weiße Zwerg zieht Materie von seinem Begleiter ab und wird vermutlich irgendwann zu einer Supernova.

Neil deGrasse Tyson ✔
@neiltyson

This year's Nobel Prize in physics went to the discoverers of Dark Energy. For once, a finding bigger than the prize itself.

💬 49   🔁 230   ♡ 53   6:37 PM - Oct 4, 2011

Der Physik-Nobelpreis ging an die Entdecker der Dunklen Energie. Eine Entdeckung, die größer ist als der Preis selbst.

Druck füllt das gesamte Weltall und drückt die Galaxien auseinander. Der amerikanische Astrophysiker Michael Turner prägte den Begriff »Dunkle Energie«, um ihm, was immer es ist, einen Namen zu geben. Übrigens zieht Dunkle Materie die Materie zusammen, während Dunkle Energie sie auseinanderdrückt. Trotz der ähnlichen Namen haben wir keinen Grund anzunehmen, dass sie etwas miteinander zu tun haben.

Wie wir im Folgenden sehen werden, braucht ein volles Verständnis der KMH-Daten die Existenz der Dunklen Energie, die ein Dreh- und Angelpunkt im Schicksal des Universums ist. Dennoch haben wir keine Ahnung davon, was Dunkle Energie ist. Die Astrophysiker Adam Riess, Saul Perlmutter und Brian Schmidt, die die Studien über Supernovae in den Tiefen des Universums durchführten, die diese Entdeckung hervorbrachten, erhielten 2011 den Nobelpreis für ihre Arbeit. Doch es kommt noch besser. Einem Team unter Adam Riess, das die Leistungsfähigkeit des Hubble-Weltraumteleskops voll ausschöpfte, gelang mit dieser neuen Sprosse der Entfernungsleiter die nächste große Überraschung: eine Expansionsgeschwindigkeit, wonach das Universum nur 12,5 Milliarden Jahre alt wäre – und somit jünger als die 13,8 Milliarden Jahre aus den KMH-Daten. Die Differenz wirkt nicht groß. Was sind schon eine Milliarde Jahre? Das Problem ist: Beide Messungen sind genau und hochpräzise. Aber sie können auch nicht beide richtig sein. Entweder eine von ihnen ist falsch – oder beide. Was nun?

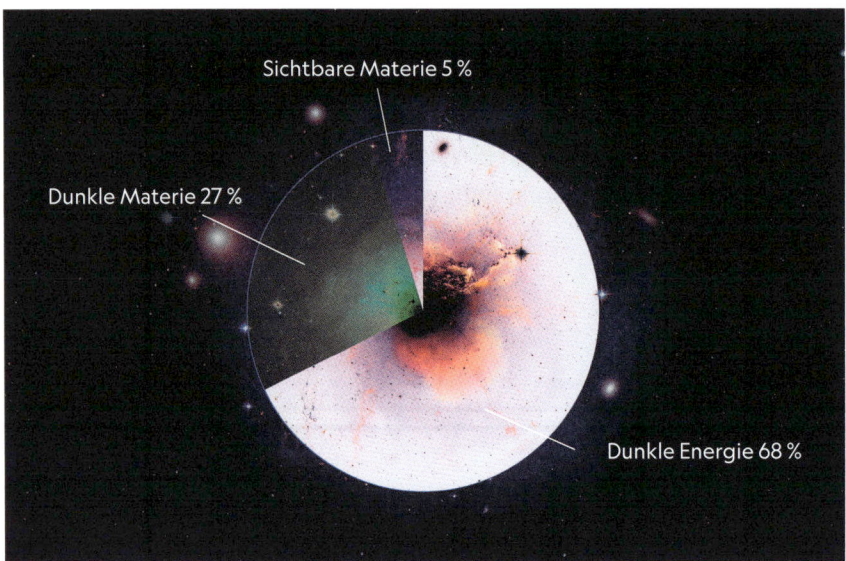

Sichtbare Materie 5 %

Dunkle Materie 27 %

Dunkle Energie 68 %

Materie, so wie wir sie kennen, bildet nur fünf Prozent des Universums. Wir können den Rest messen, haben aber keine Ahnung, was er ist.

DIE SPANNBREITE

Nun stehen sich bei der Abschätzung des Alters des Universums zwei Methoden gegenüber, die unterschiedliche Resultate liefern: 13,8 Milliarden Jahre die Analyse des KMH, 12,5 Milliarden Jahre die Erweiterung der Entfernungsleiter.

Die Spannbreite zwischen diesen Lösungen wird kleiner, wenn man an eine einfache Tatsache denkt: Es gibt keine perfekte Messung. Egal wie präzise etwas gemessen wird, die Genauigkeit ist immer begrenzt, sie ist nie zu 100 Prozent genau.

Wenn Sie die Größe eines Raums ausmessen wollten, würden Sie vermutlich ein Maßband dazu verwenden. So sorgfältig Sie auch sind, es gibt eine grundsätzliche Beschränkung bei der Genauigkeit, und ein Maßband verdeutlicht das gut. Darauf gibt es eine Skala, deren kleinste Einheit in der Regel ein Millimeter ist. Damit können Sie nicht ermitteln, ob Ihr Raum 3,456 Meter oder 3,457 Meter lang ist. Und wäre Ihr Maßband noch in Zehntelmillimeter unterteilt, wüssten

Neil deGrasse Tyson ✔
@neiltyson

Don't Give up on us yet. Americans are inching towards the metric system.

💬 2K   🔁 11.8K   ♡ 67.4K   7:49 AM · Jul 22, 2017

Gebt uns noch nicht auf! Wir Amerikaner kriechen zum metrischen System.

Sie noch lange nicht, ob er 3,4561 oder 3,4562 Meter lang wäre. Die Genauigkeit, mit der Sie die Maße Ihres Raums bestimmen können, bleibt also beschränkt – und damit bleibt auch eine quantifizierbare Unsicherheit in Ihrem Experiment. Wie ist es bei der Vermessung eines Kontinents? Der Kontinent endet an einem Ufer. Doch was ist das Ufer? Die Wasserlinie verändert sich. Selbst eine exakte Messung bei Ebbe ist nie wiederholbar. Da die Entfernungen von der Erde zum Mond beziehungsweise zur Sonne variieren, sind die exakten Wasserstände bei Ebbe unterschiedlich.

DIE RICHTIGE FRAGE

Wenn zwei höchst glaubwürdige Messungen desselben Phänomens zwei unterschiedliche Antworten liefern und dieser Unterschied reproduzierbar ist – selbst nachdem alle Voraussetzungen wiederholt getestet wurden und alle Experimente von wissenschaftlich Verbündeten und Gegnern überprüft wurden –, dann besteht auch die Möglichkeit, dass die zugrunde liegende Frage nicht die Bedeutung hat, die man ihr zuschreibt. Welches ist die Temperatur der Liebe? Wo ist der Rand der Erdoberfläche? Aus welcher Art Käse besteht der Mond? Alle diese Fragen sind sprachlich korrekt, ihre Substantive und Verben stehen am richtigen Platz. Doch sie haben keine Bedeutung, da die eigentliche Frage falsch ist. Könnte »Wie alt ist das Universum?« eine solche Frage sein? Und wir wissen es nur nicht?

Ab einem gewissen Punkt muss man sich auf eine Zahl einigen, die nahe genug liegt.

Egal wie genau Ihr Instrument ist, egal wie sorgfältig Sie beobachten: Ihr Messgerät hat immer eine kleinste Einheit – und daher eine Unsicherheit in der letzten Dezimalstelle. In der Wissenschaft zeigt sich diese Unsicherheit in der Spannbreite der Ergebnisse von mehrmals durchgeführten Experimenten. Ist Ihr Raum vermessen, können Sie eine Länge von plus/minus einen Millimeter angeben, um diese Unsicherheit auf dem Maßband zu berücksichtigen.

In realen Experimenten ist die Größe der Skala nur eine von vielen Unsicherheitsquellen. Manchmal gibt es einen Fehler in der Ausrüstung, der nichts mit dem Maßstab zu tun hat. 2011 verkündeten zum Beispiel Physiker am CERN in Genf, dass sie ein Teilchen entdeckt hätten, das schneller als Licht sei. Wäre das wahr gewesen, hätte man Einsteins Relativitätstheorie komplett überarbeiten müssen. Doch am Ende war es nur ein nicht richtig angeschlossenes Glasfaserkabel. In diesem Fall war die Ungenauigkeit durch den Fehler im Instrument bedingt und nicht durch die Messunsicherheit. Das ist nicht ungewöhnlich und erklärt, warum Penzias und Wilson seinerzeit so viel Zeit damit verbrachten, ihren Empfänger zu überprüfen, bevor sie die Entdeckung des KMH verkündeten.

Manchmal sind es auch rein statistische Unsicherheiten. Wollen Sie die Durchschnittsgröße der Bevölkerung Ihres Landes schätzen und messen nur zehn Menschen an dem Tag, an dem ein Fußball-Team ihren Ort besucht, wird das Ergebnis nicht sehr genau sein. Meinungsforscher versuchen daher Tausende Menschen zu befragen. Trotzdem beträgt ihre Fehlerspanne plus/minus drei Prozent. Befragen sie eine Million Menschen, werden sich Genauigkeit und Präzision erhöhen.

Die Messunsicherheit kann auch von Fehlern in der Analyse der Messdaten herrühren. Wenn Sie meinen, Ihr in den Vereinigten Staaten

Der ATLAS-Detektor des Large Hadron Collider im CERN lässt subatomare Teilchen mit hoher Geschwindigkeit kollidieren, in deren Trümmerwolke unbekannte Teilchen enthalten sein könnten.

Im Gegensatz zum Äther – der nie nachgewiesen wurde – ist Dunkle Energie etwas Gemessenes. Wir haben nur keine Ahnung, was sie ist.

gekauftes Maßband misst in Yards, und es misst tatsächlich in Metern, die neun Prozent länger sind, dann liegt Ihre Antwort neun Prozent daneben, egal wie präzise Sie messen. Genauso kann ein unbekannter Nebeneffekt verursachen, dass Ihr Ergebnis auf jeden Fall falsch sein wird, etwa wenn die Mauern des Raums nicht gerade sind und Sie es nicht wissen.

Gute Wissenschaft ist zweifellos ein chaotisches Geschäft. Als die zwei Methoden vor einigen Jahren zwei verschiedene Alter des Universums erbrachten, kümmerte das die Wissenschaft wenig. Damals lagen in beiden Messungen große Unsicherheiten. Noch wichtiger war, ihre Fehlerbereiche überlappten sich – was bedeutete, dass das Universum ein Alter irgendwo dazwischen haben konnte. Doch mit der Zeit verbesserten beide Gruppen ihre Methoden und der Unterschied war nicht mehr zu ignorieren. Das KMH-Alter lautet nun 13,799 +/- 0,021 Milliarden Jahre, das Supernova-Alter 12,5 +/- 0,3 Milliarden Jahre. Da keine Überschneidung mehr vorhanden ist, muss die Diskrepanz wahrscheinlich auf einen unbekannten Effekt in der Analyse der verschiedenen Messungen zurückgeführt werden. Adam Riess sagte dazu: »Diese Diskrepanz ist gewachsen und hat nun einen Punkt erreicht, den man wirklich nicht als Zufall abtun kann.«

GENAUIGKEIT VERSUS PRÄZISION

Eine Digitaluhr zeigt die Zeit auf die hundertstel Sekunde präzise an. Das ist präziser, als es die meisten von uns jemals brauchen. Doch stellen Sie sich vor, die Uhr geht sechs Minuten vor und Sie wissen es nicht. Die Uhr wäre zwar hochpräzise, aber völlig ungenau. Als Forscher suchen wir zuerst nach Genauigkeit: Ist die Antwort überhaupt richtig? Stimmt die Größenordnung? Als Nächstes versuchen wir, die Genauigkeit zu erhöhen, indem wir die Messungen immer präziser machen.

ÜBERRASCHUNG NR. 6: DUNKLE MATERIE

Bis jetzt sprachen wir auf unserer Suche nach Größe und Alter des Universums überwiegend von bekannten Materieformen wie Protonen und anderen Teilchen, die wir in Atomen finden. Sie können die Geschichte der Wissenschaft als einen Versuch betrachten, die Eigenschaften normaler Materie zu verstehen. Aber wir lernten zuletzt, dass sich im Universum mehr versteckt, als es den Anschein hat.

Ab den 1930er-Jahren fanden Astronomen Galaxienhaufen, die stärker zusammengehalten wurden, als es die Anziehungskraft ihrer sichtbaren Materie nahelegte. Die amerikanische Astrophysikerin Vera Rubin fand in den 1970er-Jahren dasselbe Phänomen auch innerhalb von Galaxien. Sterne, die um ein galaktisches Zentrum kreisten, bewegten sich viel schneller, als es angesichts der Gravitation der vorhandenen Sterne nachvollziehbar war. Das war nur damit zu erklären, dass die ganze sichtbare Galaxie – der Teil aus bekannter Materie – von einer riesigen Kugel geheimnisvoller Materie umhüllt war, die eine Anziehungskraft ausübte, aber nicht strahlte oder auf elektromagnetische Wellen wirkte. Diese Materie taufte man »Dunkle Materie«.

Seit Rubins Messungen wurden in vielen verschiedenen kosmischen Umgebungen Belege für die Dunkle Materie gefunden. Sie erweist sich als entscheidend für unser Verständnis, wie sich Galaxien

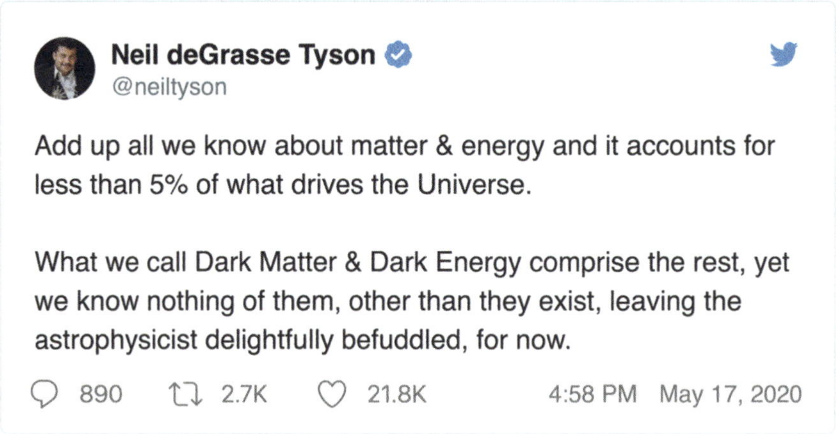
Neil deGrasse Tyson
@neiltyson

Add up all we know about matter & energy and it accounts for less than 5% of what drives the Universe.

What we call Dark Matter & Dark Energy comprise the rest, yet we know nothing of them, other than they exist, leaving the astrophysicist delightfully befuddled, for now.

890 2.7K 21.8K 4:58 PM May 17, 2020

Was wir über Materie & Energie wissen, erklärt weniger als nur 5 % dessen, was das Universum antreibt. Was wir Dunkle Materie & Dunkle Energie nennen, umfasst den Rest. Noch wissen wir nichts über sie, außer dass sie existieren – und die Astrophysiker gerade so richtig verwirrt machen.

bilden, was wiederum entscheidend ist für das Verständnis von Alter und Größe des Universums. Unser Wissen über die Dunkle Materie lässt sich so beschreiben:

- **Wir wissen, dass sie existiert.**
- **Wir haben keine Idee, was sie ist.**
- **Vielleicht sollte man sie »Dunkle Gravitation« nennen.**

DIE STRUKTUREN DES UNIVERSUMS

Das Universum dreidimensional zu sehen, ist schwierig. Aber um seine Größe zu ermitteln, ist das essenziell. Als Erstes versuchten wir, über die Vermessung der Rotverschiebungen ein umfassendes 3-D-Bild der Galaxien zu erstellen. Die 2-D-Orte der Galaxien waren bekannt. Wenn wir ihre Rotverschiebungen – ihre Fluchtgeschwindigkeit von uns weg – kennen, können wir mit dem Hubble-Gesetz ihre Entfernungen berechnen und wissen so, wo ihre kosmischen Orte im 3-D-Raum sind.

Heute wird mit modernsten Methoden die Rotverschiebung von Hunderten Galaxien gleichzeitig vermessen, daher sind heutige Messungen wesentlich umfangreicher als früher. 1982 katalogisierte das Zentrum für Astrophysik in Harvard anhand der Vermessung der Rotverschiebung 2200 Galaxien. Bis 2007 wurden im Sloan Digital Sky Survey dank moderner Technik die Rotverschiebungen von über einer Million Galaxien publiziert. Das dreidimensionale Bild wird immer umfassender.

Stellt man diese Galaxien räumlich dar, sieht man, dass sie nicht gleichmäßig im Kosmos verteilt sind. Stattdessen offenbart sich ein seltsam geordnetes Universum.

Stellen Sie sich vor, Sie schneiden mit einem Messer einen Schwamm in Scheiben. Dann sehen Sie leere, von fester Materie umgebene Bereiche. Solche Hohlräume oder »Voids« finden wir auch in den Rotverschiebungs-Durchmusterungen. Sie sind von fadenförmigen Teilen und Flächen umgeben, deren Strukturelemente Galaxien sind.

DAS LUX-EXPERIMENT

Wenn die Milchstraße von einer Kugel aus Dunkler Materie eingehüllt ist, dann sollte die Bewegung der Erde einen Wind aus Teilchen verursachen, der fortwährend durch uns und um uns herum weht. Da Dunkle Materie nur über die relativ schwache Gravitation zu wirken scheint, wird dieser Wind nur sehr selten auf normale Materie einwirken und meistens spurlos durch uns hindurchwehen.

Im Sanford-Labor in einer alten Goldmine in South Dakota, in etwa 1500 Meter Tiefe, steht ein Container mit flüssigem Xenon, der solche seltenen Kollisionen zwischen Dunkler Materie und hier den Xenon-Atomen aufspüren soll. Er ist das Herzstück des LUX-Experiments (Large Underground Xenon). Bisher wurde aber noch kein Dunkle-Materie-Teilchen in diesem oder einem anderen Experiment entdeckt.

Willkommen in der großräumigen Struktur des Universums! Um unseren Platz darin zu veranschaulichen – und nebenbei die beiden miteinander verbundenen Fragen »Wie groß ist das Universum?« und »Wie alt ist es?« zu beantworten –, bedenken Sie: Die Erde ist Teil des Sonnensystems, das wiederum Teil unserer im Durchmesser etwa 100 000 Lichtjahre großen Milchstraßen-Galaxie ist. Die Milchstraße

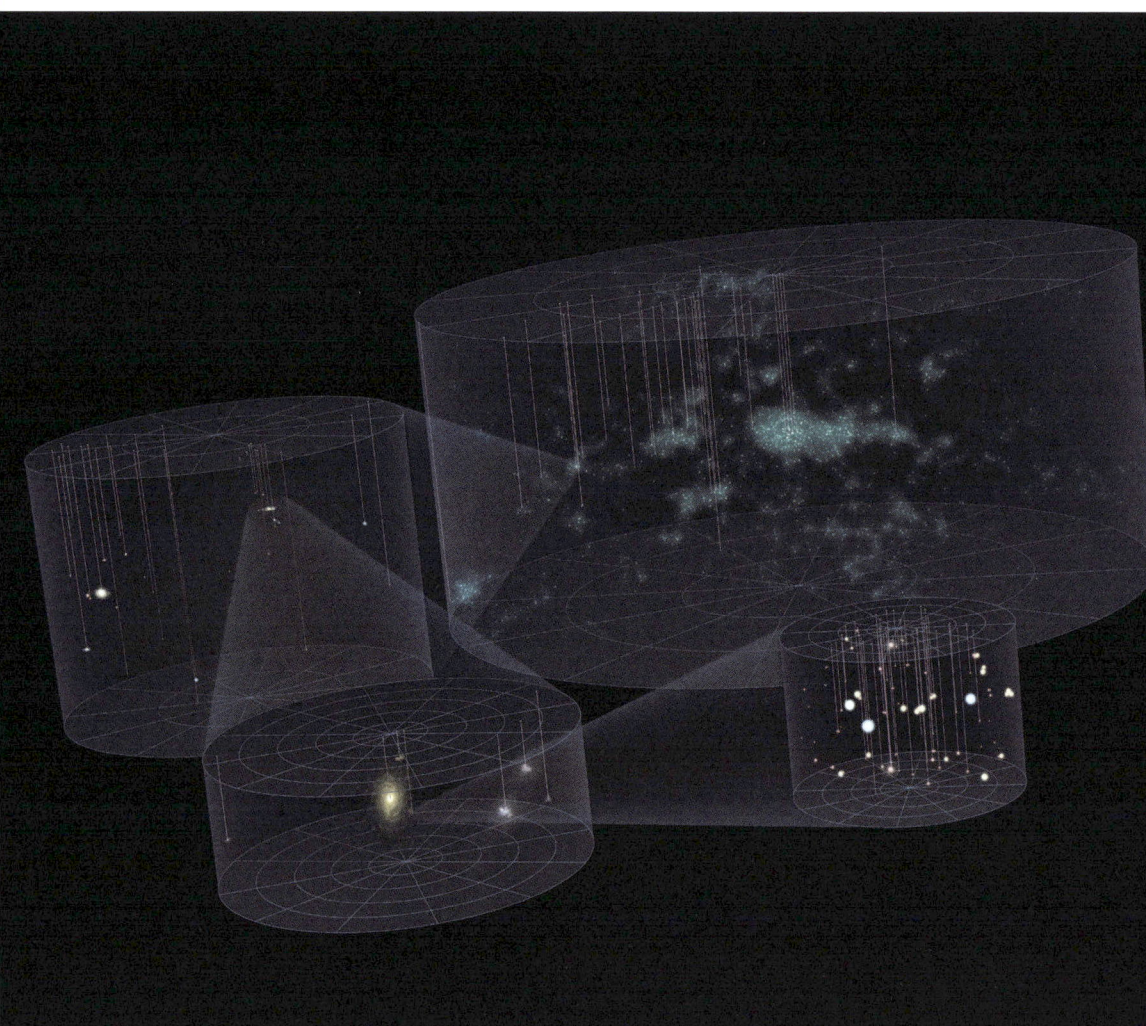

Unser Sonnensystem (unten rechts) ist Teil der Milchstraße (unten links), die Teil der Lokalen Galaxiengruppe ist (oben links), welche Teil eines galaktischen Superhaufens ist (oben rechts).

Neil deGrasse Tyson ✓
@neiltyson

Nothing to tweet today, except for all those who wanted more space, the Universe continues to expand at about 70 kilometers per second, per Megaparsec.

💬 969   ↻ 5.2K   ♡ 43.4K   9:54 AM - Mar 29, 2020

Nichts zu tweeten heute, außer für alle, die mehr Raum wollen: Das Universum expandiert weiter, mit etwa 70 Kilometern in der Sekunde pro Megaparsec.

ist Teil der Lokalen Gruppe von Galaxien (etwa zwei Millionen Lichtjahre), und die ist Teil des Virgo-Superhaufens von Galaxien (etwa 750 Millionen Lichtjahre). Dieser Superhaufen ist schließlich Teil der oben beschriebenen Strukturen, die die Hohlräume umgeben.

Ein hart verdienter, aber trotz allem starker Hinweis darauf, dass Gestalt, Form und Inhalt des Universums erkennbar sind – im Hier und Jetzt und auch im Dort und Damals.

DIE GROSSE MAUER: GREAT WALL

Die größte Struktur im sichtbaren Universum ist ein Galaxien-Superhaufen, die BOSS Great Wall, benannt nach dem Forschungsprojekt Baryon Oscillation Spectroscopic Survey, das den Superhaufen entdeckte. Dieses enorme kosmische Gewebe misst eine Milliarde Lichtjahre und sieht aus wie eine große Honigwabe.

WORAUS BES

UNIVERSUM?

EHT DAS

Können Superstrings alle Naturkräfte in einer Theorie vereinen? So stellt sich das ein Künstler vor.

5

Bei der Suche nach Antworten auf eine der grundlegendsten Fragen der Wissenschaft sieht man sich einfach erst mal um. Ein flüchtiger Blick vermittelt den Eindruck, das Universum bestehe aus einer Unmenge verschiedener Materialien, die einer Unmenge verschiedener Regeln folgen.

Nehmen Sie an, jemand fragt Sie nach den Grundbausteinen, aus denen Bibliotheken bestehen. Von außen ist die Antwort klar: Sie bestehen aus Ziegeln oder anderem stabilen Baumaterial. Doch wenn Sie die Tür öffnen und hineingehen, sehen Sie zahllose Regale voller Bücher. Die zweite Antwort könnte also sein, dass die Bücher die grundlegenden Bausteine sind. Doch eine Bibliothek ist kein wahlloser Bücherstapel. Die Bücher sind nach einem System geordnet – Biografien, Lyrik, Romane und so weiter. So dringen Sie immer tiefer ein und müssen dabei Ihre Antwort auf die Frage, woraus Bibliotheken bestehen, immer weiter differenzieren. Sie nehmen ein Buch aus dem Regal, schlagen es auf und sehen eine Menge Worte. Fast alle der

Für die Frage, woraus das Universum besteht, müssen wir zuerst in die Tiefen des Raums sehen – und dann tief in die Natur der Materie.

Neil deGrasse Tyson ✓
@neiltyson

Some of my best friends -- actually all of my best friends -- are made of chemicals.

💬 962   ↻ 3K   ♡ 33.5K   11:14 AM - Mar 9, 2020

Einige meiner besten Freunde – eigentlich alle – bestehen aus Chemikalien.

Bücher bestehen aus Worten – wir müssen also die Antwort ändern: Der Grundbaustein ist das Wort. Und es gibt einen Satz von Regeln, die Grammatik, wonach die Worte zu Sätzen zusammengestellt sind, Sätze zu Absätzen, Absätze zu Kapiteln – und alle zusammen zu Büchern.

Doch es gilt, eine weitere Ebene aufzudecken. Einige Worte und Wortkombination tauchen nur in den Büchern bestimmter Bibliotheken auf. Es gibt also verschiedene Sprachen oder spezialisierte Bibliotheken. Und schnell bemerken wir, dass die Worte der meisten Sprachen aus Buchstaben bestehen, die nach Rechtschreibregeln zusammengesetzt sind, die uns sagen, wie wir Buchstaben zu Wörtern kombinieren. In unserem digitalen Zeitalter könnten wir noch eine Ebene tiefer gehen und entdecken Reihen aus Nullen und Einsen, die wir nach einer bestimmten Regel zu Buchstaben entschlüsseln.

Die Frage nach der Grundstruktur von Bibliotheken führt uns also in ein Wunderland, das weitaus komplexer ist, als wir erwarteten oder uns vorstellen konnten. Bei der Suche nach der Grundstruktur des Universums ist es dasselbe.

DER URSPRUNG DER CHEMIE

Im Mittelalter betrieb eine Gruppe von Forschern etwas, das sie Alchemie nannten. In den volkstümlichen Bildern sahen sie oft aus wie Darsteller aus einem Harry-Potter-Film. Unter ihnen gab es

Skrupellose, die reich wurden, indem sie ihren Förderern versprachen, billiges Blei in kostbares Gold zu verwandeln. Trotz dieser falschen Versprechungen trugen die Alchemisten zum wissenschaftlichen Fortschritt bei und sammelten über die Jahrhunderte eine Menge qualitative Daten zu chemischen Reaktionen.

Dieses ganze Wissen wurde im 18. Jahrhundert von Antoine Lavoisier und seiner Ehefrau Marie-Anne auf wissenschaftliche Füße gestellt. Sie führten Präzisionsinstrumente in die Chemie ein und Antoine zeigte als Erster, dass sich die Gesamtmasse in einer chemischen Reaktion nicht änderte, woraus der Massenerhaltungssatz wurde. Aus heutiger Sicht war die wichtigste Entdeckung Lavoisiers,

Die mittelalterlichen Alchemisten führten Laborbücher, in denen sie die Elemente auf eine Weise charakterisierten, die die zukünftige Wissenschaft der Chemie prägte.

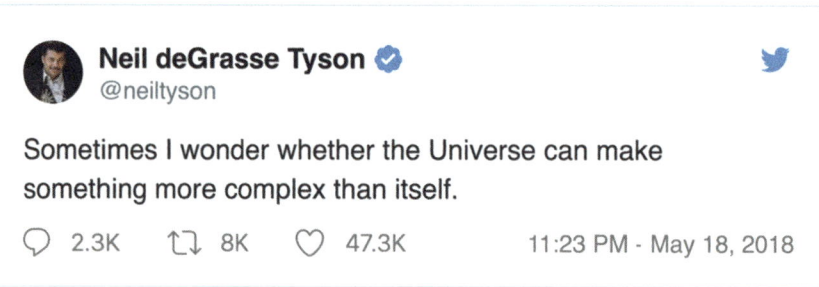

Manchmal frage ich mich, ob das Universum etwas Komplizierteres schaffen kann als sich selbst.

dass es so etwas wie Elemente gibt. Es mag zahllose Arten von Materialien geben, doch die meisten davon lassen sich mit Mitteln der Chemie aufbrechen. Verbrennen Sie Holz oder lösen Sie eine Metall-Legierung in Säure auf, und Sie verwandeln die Metamaterialien in ihre Basisbestandteile. Einige Materialen kann man allerdings nicht auf diese Weise aufbrechen. Der schwarze Kohlenstoff aus der Verbrennung kann mit anderen Materialien zu etwas Komplizierterem verbunden werden, wie Kohlendioxid, doch er kann nicht in etwas Einfacheres zerlegt werden. Kohlenstoff ist ein Beispiel für das, was wir ein chemisches Element nennen. Die Chemiker damals kannten Tausende von Materialien, doch sie kannten nur wenige Elemente. 1776 befanden sich zum Beispiel unter allen katalogisierten Stoffen nur 22 reine Elemente, davon waren 12 bereits in der Antike identifiziert worden.

Ende des 18. Jahrhunderts bemerkten die Chemiker einige Regelmäßigkeiten unter den Elementen. Eine der wichtigsten ist das Gesetz der multiplen Proportionen, das besagt, dass das relative Gewicht verschiedener Elemente in einem gegebenen Material immer dasselbe sein wird, egal woher das Material stammt. Zum Beispiel ist das Verhältnis von Sauerstoff und Wasserstoff im Wasser immer acht zu eins, ob es nun aus den Tropen kommt oder aus der Arktis. Mit diesen Entdeckungen waren die Forscher gerüstet, um tiefer in die Frage einzutauchen, woraus das Universum besteht.

JÄHES ENDE EINES GENIES

Leider konnte Antoine Lavoisier die Wissenschaft seiner Zeit nicht mehr weiter voranbringen – für Adelige und Zolleintreiber war die Französische Revolution eine schlechte Zeit, ebenso für Wissenschaftler. Lavoisier wurde 1794, während der Zeit des Terrors der Jakobiner, mit der Guillotine hingerichtet. Gnadengesuche aus ganz Europa hatten keinen Erfolg. Sein Freund, der Astronom Joseph-Louis Lagrange, klagte: »Sie brauchten nur einen Augenblick, um ihm den Kopf abzuschlagen, und 100 Jahre werden keinen weiteren so wie diesen hervorbringen.«

WOHER KAMEN DIE ELEMENTE?

Wir kennen die Zahl der Protonen in den Atomkernen eines jeden chemischen Elements. Wir wissen auch, dass das drei Minuten alte Universum kurz Atomkerne mit bis zu drei Protonen produzierte: Wasserstoff mit einem, Helium mit zwei und Lithium mit drei.

Woher kamen all die anderen Elemente?

Um die Frage zu beantworten, muss man zur Entstehung der Sonne zurückkehren. Die Gravitation presst die Materie der künftigen Sonne zusammen, die Temperatur im Kern erreicht Millionen von Grad, die Kernfusion zündet. Einige Zwischenschritte später fusionieren vier Wasserstoffkerne zu einem Heliumkern und bilden einige sonstige Teilchen plus Energie. Wie die meisten Sterne erzeugt die Sonne ab da Energie, indem sie Wasserstoff zu Helium umwandelt.

Gegen Ende des Lebens ist der Wasserstoffvorrat im Kern erschöpft und der Stern kontrahiert, er kapituliert kurz vor der unerbittlichen Kraft der Gravitation. Die Temperatur im sich verdichtenden Kern steigt, bis drei Heliumkerne (à zwei Protonen) zu einem Kohlenstoffkern (sechs Protonen) mit den dazugehörigen Neutronen fusionieren. So dient die Asche eines nuklearen Feuers dem nächsten als Treibstoff und lässt den Stern schwerere Elemente ausbrüten, als es das junge Universum konnte.

Ein Stern wie die Sonne ist nicht groß genug, um Kerne über Kohlenstoff hinaus zu fusionieren, verfrachtet aber mit dem Sonnenwind einige seiner Elemente in den Weltraum. Massivere Sterne setzen die Fusionsreihe über Kohlenstoff hinaus fort, bis hin zu Eisen (26 Protonen) – die endgültige nukleare Asche, das Ende aller Fusionsreaktionen, die Energie freisetzen. Das Eisen sammelt sich im Kern an, doch wenn der Stern versucht, es zu fusionieren, verbraucht die Reaktion Energie – und dafür ist er nicht geschaffen.

Der Stern kollabiert rasend schnell unter seinem eigenen Gewicht, keine Energiequelle verhindert das drohende Desaster. Der Kollaps mündet in eine gigantische Explosion, eine Supernova. In ihr entstehen mit viel überschüssiger Energie die Elemente bis hin zum Uran (mit 92 Protonen).

Uran ist das schwerste Element, das natürlich vorkommt. Alle weiteren bis hin zum Oganesson (Element 118, benannt nach dem russischen Physiker Oganesjan) wurden nur in Laboren hergestellt. Wie? Beschleunigt man einen schweren Kern stark und lässt ihn mit einem Ziel kollidieren, können sich in der folgenden Neuordnung der Protonen und Neutronen einige Atome eines neuen Elements bilden. Wir haben zum Beispiel bisher nur 75 Atome des Coperniciums (Element 112, benannt nach dem Astronomen Nikolaus Kopernikus) in Laboren hergestellt. Der Versuch, noch massivere superschwere Elemente herzustellen, ist eine beliebte Spielwiese in der Welt der Kernphysik.

DIE INSEL DER STABILITÄT

Die superschweren, in den Laboren hergestellten Elemente zerfallen in der Regel in Sekundenbruchteilen. Nukleartheoretiker sagen voraus, dass wir mit dem Element 126, sollte es einmal produziert sein, eine sogenannte Insel der Stabilität erreichen und damit eine neue Klasse von Elementen, die Basis für eine neue Chemie sein könnten.

---

63 Die Zahl der chemischen Elemente, die Mendelejew im 19. Jahrhundert kannte. Heute sind es 118 – und die Zahl steigt weiter.

DIE NEUE ATOMTHEORIE

John Dalton war ein englischer Lehrer, der sich vor allem mit Meteorologie beschäftigte, was auch chemische Reaktionen in der Atmosphäre umfasste. 1808 führte er die moderne Atomtheorie ein.

Im Griechischen bezeichnet das Wort *atom* »das, was nicht mehr teilbar ist« – und auch Dalton hielt ein Atom für unteilbar. Er schlug vor, dass es für jedes chemische Element ein entsprechendes Atom gibt. Alle Atome eines Elements seien identisch und die Atome verschiedener Elemente würden sich unterscheiden. Für ihn bildeten Atomkombinationen die Bandbreite und Vielfalt der Materialien, aus denen die natürliche (und unnatürliche) Welt besteht. Daher könne man die meisten Stoffe aufbrechen – man müsse einfach ihre Atome trennen. Nur dann, so Dalton, könne man Dinge nicht weiter zerlegen.

Daltons Modell erklärte viele der Eigenschaften von Materialien, die zwar beständig, vorhersagbar und anerkannt gewesen waren, aber bis dahin unerklärlich. Wasser besteht zum Beispiel aus einem Sauerstoffatom und zwei Wasserstoffatomen. Ein Sauerstoffatom wiegt achtmal so viel wie zwei Wasserstoffatome. Das Gewichtsverhältnis von acht zu eins zwischen den beiden war daher ein einfaches Merkmal dafür, wie sich Atome verbinden.

Mit der Zeit entdeckten die Wissenschaftler weitere chemische Elemente. Als der russische Chemiker Dmitri Mendelejew im 19. Jahrhundert ein Lehrbuch schrieb, kämpfte er mit dem Problem, die bekannten Elemente zu ordnen. Die Lösung? Er schuf die Tabelle mit dem Periodensystem der Elemente, die noch heute in den Chemieräumen der Schulen hängt. Die Elemente werden mit jeder Reihe und von links nach rechts schwerer, und in jeder Spalte ähneln sich

Neil deGrasse Tyson ✔
@neiltyson

Some elements don't interact with others. NobleGases the Brits
called them, tainting the PeriodicTable with their ClassSystem

💬 52   🔁 279   ♡ 57   1:42 PM - Nov 4, 2011

Einige Elemente reagieren nicht mit anderen. Edel-Gase nannten sie die Briten und
verdarben das Periodensystem mit ihrem Klassensystem.

ihre Eigenschaften. In seiner ursprünglichen Tabelle ließ er einige
Leerstellen, damit es funktionierte. Er erwartete, dass sie mit dem
Fund neuer Elemente aufgefüllt würden – und tatsächlich bestätigte
sich das. Obwohl die Wissenschaftler wussten, dass die Ordnung des
Periodensystems richtig war, wussten sie nicht warum. Erst mit der
Entdeckung der Quantenphysik in den 1920er-Jahren entstand ein
tieferes Verständnis dafür.

DIE ZERLEGUNG DES ATOMS

Ende des 19. Jahrhunderts enthüllte die Wissenschaft eine relativ
einfache Welt, in der sich eine kleine Zahl unteilbarer Atome in verschiedenen Kombinationen verband und die Welt produzierte, die
unseren Sinnen unmittelbar zugänglich ist. Die komplexen Stoffe sind
die Bücher unserer metaphorischen Bibliothek, die Atome sind ihre
Worte.

Diese Einfachheit begann sich 1897 aufzulösen. Der englische
Physiker J. J. Thomson zeigte in einem Experiment die Existenz
völlig unerwarteter Teilchen: Elektronen, negativ geladene Teilchen,
die sich leicht und bereitwillig von den Atomen lösten. Für so etwas

Anders als es sich John Dalton vorstellte, ist ein Atom dynamisch und flüchtig, so wie es
diese Darstellung eines Kerns und seiner Elektronen andeutet.

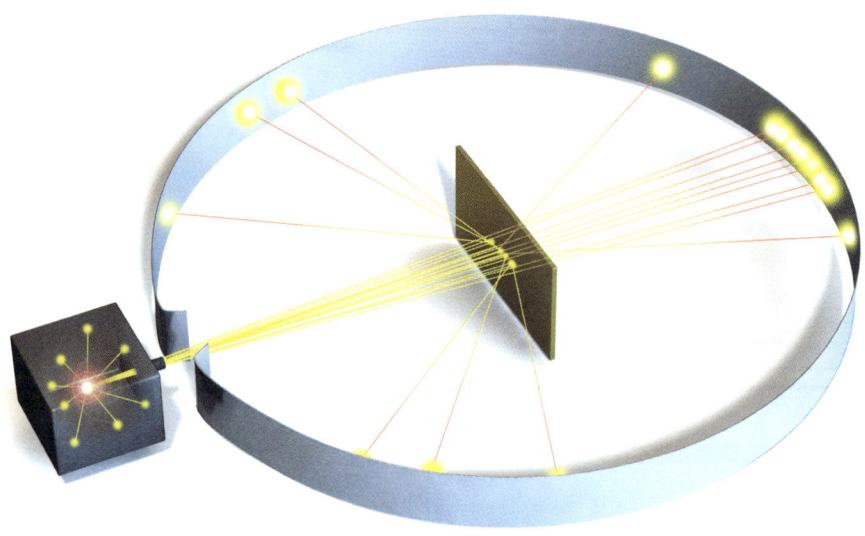

Rutherford schoss Teilchen auf eine Goldfolie und beobachtete, wie sie gestreut wurden. Seine Ergebnisse zeigten, dass der größte Teil der Masse eines Atoms im Kern konzentriert ist und das Atom überwiegend aus leerem Raum besteht.

bot Daltons Atomtheorie, wonach die Atome unteilbar sind, keinen Platz. Wenn sich Elektronen von Atomen losreißen können, dann sind diese eindeutig teilbar. Durch Thomsons Entdeckung stellten sich die Theoretiker die Atome eine Zeit lang wie ein Rosinenbrötchen vor, ein amorphes, positiv geladenes Material, in das Elektronen eingebettet sind. 1911 verkündete der neuseeländische Physiker Ernest Rutherford die Ergebnisse eines Experiments, das diese Vorstellung begrub und unsere heutige Vorstellung des Atoms andeutete. Er richtete einen Teilchenstrahl subatomarer Geschosse auf eine extrem dünne Goldfolie und beobachtete ihre Streuung.

Er wählte möglichst dünn gehämmertes Gold, in diesem Fall nur wenige Tausend Atome dick. Wäre ein Atom tatsächlich wie ein Rosinenbrötchen, so hätte es der Strahl mühelos wie eine Kugel eine Wolke durchdrungen.

Doch Rutherford sah, dass etwa ein zehntel Prozent der subatomaren Geschosse in seine Richtung zurückprallten. Würden Sie eine Reihe Kugeln durch eine Wolke schießen und eine von ihnen prallt zurück, was würden Sie annehmen? Dass sich etwas Stärkeres als Ihre Kugel in der Wolke versteckt.

So war Rutherfords einzige Erklärung für das unerwartete Ergebnis, dass die gesamte Masse des Atoms in einem kleinen Gefüge im Zentrum konzentriert ist – ein Gefüge, das Rutherford Kern nannte, den die Elektronen umkreisen. Die Teilchen, die zurückprallten, hatten den Kern getroffen, die anderen waren durch die weitgehend leere Wolke der umkreisenden Elektronen hindurchgedrungen.

Rutherford nannte den Kern des Wasserstoffatoms Proton, »das Erste«. Doch er wusste, schwere Atome mussten mehr als Protonen im Kern enthalten. Der Kern des Sauerstoffatoms hat zum Beispiel acht Protonen im Kern, wiegt aber 16-mal mehr als Wasserstoff. Rutherford sagte voraus, dass man andere Teilchen finden würde, die etwa dieselbe Masse haben wie Protonen, doch keine elektrische Ladung. Er nannte dieses hypothetische Teilchen Neutron, »das Neutrale«. Der britische Physiker James Chadwick fand es 1932 tatsächlich.

Komplexität war wieder auf Einfachheit reduziert. Das Universum bestand aus drei Teilchen: Protonen und Neutronen bilden den Kern eines Atoms, die Elektronen umkreisen ihn und Kombinationen dieser Atome bildeten alle sichtbaren Stoffe. Doch diese Einfachheit hielt nicht lange. In der Tiefe lauerten weitere Materieebenen.

EIN UNKONVENTIONELLER WISSENSCHAFTLER

Ernest Rutherford ist der einzige Forscher, der seine bedeutendste Leistung erst *nach* dem Erhalt des Nobelpreises vollbrachte. 1908 erhielt er den Preis für Chemie für die Identifizierung einiger radioaktiver Zerfallsprodukte – ein wichtiger Fortschritt. Weitaus wichtiger aber war seine spätere Entdeckung der Atomstruktur.

WER HAT DAS BESTELLT?

Die Kräfte, die das einfache Proton-Neutron-Elektron-Bild zerstörten, fielen wortwörtlich vom Himmel. Die Erde ist einem dauernden Beschuss durch Teilchenströme, der kosmischen Strahlung, ausgesetzt – vor allem von Protonen der Sonne. Die Energie dieser Teilchen ist so hoch, dass sie Atomkerne in der Erdatmosphäre zerstören. Die Trümmer solcher Kollisionen öffneten ein Tor in die verborgene Welt des Kerns.

Die Untersuchung dieser Kollisionstrümmer war seit dem frühen 20. Jahrhundert das Hauptinstrument der Physiker zur Erforschung des Atomkerns. Der amerikanische Physiker Richard Feynman verglich die Methode damit, eine Schweizer Uhr vom Empire State Building zu werfen, um dann anhand der Teile auf dem Bürgersteig herauszufinden, wie die Uhr funktioniert. Klingt unbeholfen, doch es gab keinen anderen Weg, um in die Uhr zu schauen.

In den 1930er-Jahren entwickelten Physiker eine Methode, um kosmische Strahlen dafür zu nutzen. Sie fingen die Strahlung mit Detektoren in Laboren ein, auf Berggipfeln wie dem Pikes Peak in Colorado, und verfolgten ihre Wirkungen. Und damit begann der Wirrwarr. Die Versuche mit der kosmischen Strahlung zeigten unerwartete Dinge. Zuerst tauchte ein Teilchen auf mit derselben Masse wie ein Elektron, aber mit positiver Ladung – das erste Beispiel für Antimaterie. Es erhielt den Namen Positron.

Dann folgte ein Teilchen wie das Elektron, das aber 200-mal schwerer war und viel länger lebte, als es sollte. Mit einer Halbwertszeit von nur 1,5 Mikrosekunden sollte es die Erdoberfläche gar nicht erreichen können. Dieses Myon ließ den amerikanischen Physiker Isidor Rabi gequält ausrufen: »Wer hat das bestellt?«

Die Liste wuchs. Protonen haben fast die 2000-fache Masse von Elektronen. Nun fand man noch ein völlig neues Teilchen mit einer Masse zwischen Proton und Elektron, das Meson, vom griechischen *mesos* für »mittel«. Sie fanden aber auch noch schwerere Teilchen als die Protonen, die Hyperonen. Durch den Bau von Teilchenbeschleunigern mit kontrollierbaren Kollisionen waren die Physiker nicht mehr auf die Zufälle der kosmischen Gammastrahlen angewiesen – und die Liste wurde immer länger. Die meisten neuen Teilchen existierten so kurz, dass sie vor ihrem Zerfall kaum von der einen Seite des Atomkerns zur anderen kamen. Der Kern erwies sich also eindeutig nicht als passiver Sack voller Protonen- und Neutronen-Murmeln, sondern als brodelnder Kessel mit unzähligen kurzlebigen Partikeln. Die Physiker öffneten eine völlig neue Truhe voller Rätsel, eine weitere Ebene der Organisation im Universum.

DIE EINFÜHRUNG DER BESCHLEUNIGER

Um das Innere der Kerne zu studieren, benötigen wir Geräte, die sie mit Hochgeschwindigkeit zertrümmern und den Schrott hochpräzise analysieren. Die kosmische Strahlung lieferte uns diese Proben kostenlos. Doch ihr großer Nachteil ist, dass wir ihre Energie und Ankunftszeit nicht kontrollieren können. Die Teilchenbeschleuniger lassen uns diese Proben nun kontrolliert herstellen.

Die Geschichte der Teilchenbeschleuniger begann mit Ernest Lawrence in den 1930er-Jahren in Berkeley an der University of California, wo er das Zyklotron entwickelte.

Teilchenbeschleuniger wie das Zyklotron beruhen auf einer Kerneigenschaft der Elementarteilchen. Injiziert man ein sich bewegendes, elektrisch geladenes Teilchen in ein Magnetfeld, fliegt es eine Kurve und schließlich einen Kreis. Lawrence erkannte Folgendes: Wenn er einen Magneten in der Mitte durchschnitt und die beiden Teile durch einen kleinen Spalt trennte, konnte er durch die Kraft der Magneten positiv geladene Protonen beschleunigen, während sie den Spalt passierten, und so einen Protonenstrahl auf ein Ziel feuern. Sein erstes Zyklotron hätte in Ihre Handfläche gepasst.

Bis in die 1950er-Jahre aber hatten die Berkeley-Zyklotrone die Größe einer Sportarena erreicht. Der nächste Entwicklungsschritt war das Synchrotron. Statt einem einzelnen großen Magneten besitzt diese Maschine eine Reihe von langen gebogenen Magneten in einem Ring, dessen Umfang mehrere Meter oder auch Kilometer erreichen kann. Die Teilchen beschleunigen in einer Vakuumkammer und die Magnetstärke kann erhöht werden, um die immer schnelleren Teilchen in der Bahn zu halten.

Der heute größte Beschleuniger der Welt, der Large Hadron Collider (LHC), befindet sich bei Genf. Das Wort »Hadron« bezieht sich auf alle Teilchen, die man im Kern der Atome finden kann. Sein 26,7 Kilometer langer Vakuumring wurde zur Abschirmung schädlicher Strahlung unterirdisch gebaut.

Der Large Hadron Collider besteht aus zwei Synchrotronen, die Protonenstrahlen im und gegen den Uhrzeigersinn beschleunigen. Die zwei Strahlen können an speziellen Punkten kollidieren, sodass beim Zusammenprall die doppelte kinetische Energie verfügbar ist. In den Trümmerwolken finden die Physiker die nächste Ebene auf der immerwährenden Suche nach der Struktur der Materie im Universum.

Das erste Zyklotron von Lawrence (um 1931) hatte weniger als 13 Zentimeter Durchmesser.

Neil deGrasse Tyson ✔
@neiltyson

Top 4 collaborations of Nations: 1) The Waging of War, 2) International Space Station, 3) Large Hadron Collider, 4) Olympics.

💬 124   🔁 1.5K   ♡ 421   8:16 PM - Jul 27, 2012

Die Top 4 der Zusammenarbeit zwischen Nationen: 1. Krieg führen, 2. Internationale Raumstationen, 3. Large Hadron Collider, 4. Olympiade.

Ernest Lawrence und Stanley Livingston (um 1946) stellen ein neu entwickeltes Synchro-Zyklotron ein, für das wegen seiner Größe auf dem Campus von Berkeley eigens ein Gebäude gebaut werden musste.

So viel kostete das erste Zyklotron, das Lawrence in Berkeley baute – das wären heute etwa 450 Dollar.

Eine Computersimulation zeigt ein Experiment mit dem ATLAS-Detektor des Large Hadron Collider. Zwei Strahlen aus subatomaren Teilchen beschleunigen und kollidieren. In der Wolke aus Teilchen befinden sich auch einige neue. Die menschliche Figur dient nur als Größenvergleich.

$ 4 750 000 000 So viel kostete der Bau
des Large Hadron Collider.

DIE EINFÜHRUNG DER QUARKS

Führen Wissenschaftler ein neues Konzept ein, so haben sie die Wahl zwischen zwei Benennungsstrategien. Sie können einem existierenden Wort eine neue Bedeutung geben – zum Beispiel dem Wort »Arbeit«, das in der Physik eine andere Bedeutung hat als in unserem alltäglichen Gebrauch. Oder sie erfinden ein neues Wort – und das taten die Physiker, als sie die nächste Tür öffneten.

In den späten 1960er-Jahren hatte sich der Teilchenzoo stark vermehrt. Physiker in Berkeley unterhielten eine Liste und publizierten periodisch ein Kompendium mit der Beschreibung Hunderter bekannter Teilchen. Einige Physiker waren so abgestumpft, dass es im Vorwort einer bekannten Physikzeitschrift hieß, man solle kein Manuskript einsenden, falls man nur ein neues Teilchen melden wolle. Es bestünde kein Interesse. Sogar Enrico Fermi, der Schöpfer des ersten Kernreaktors der Welt, sagte: »Könnte ich mich an die Namen dieser Teilchen erinnern, wäre ich Botaniker geworden.« Die Suche nach Einfachheit hatte in eine Welt der Komplexität geführt.

So war es eine Erleichterung, als die amerikanischen Physiker Murray Gell-Mann und George Zweig zeigten, dass die Teilchenvermehrung leicht erklärt werden konnte, wenn man eine Ebene tiefer ging. Sie zeigten, dass alle Elementarteilchen als Kombination von drei Teilchen gedacht werden konnten, die noch elementarer waren. Gell-Mann nannte sie Quarks, eine Anspielung auf ein Wortspiel in *Finnegans Wake* von James Joyce: »Drei Quarks für Muster Mark.«

Verschiedene Kombinationen dieser Quarks sollten demnach verschiedenen Teilchen im Teilchenzoo entsprechen, so wie verschiedene Atomkombinationen in Daltons Atomtheorie verschiedenen

Materialien. Die drei Quarks wurden »up«, »down« und »strange« getauft. Im Vergleich zu Elementarteilchen besitzen sie nur elektrische Teilladungen, zwei Drittel oder ein Drittel der Ladung vom Elektron oder Proton.

Anschließende Experimente zeigten, dass es tatsächlich sechs Quarks gibt, trotzdem blieb der ursprüngliche Name. Anfangs suchten die Forscher eifrig nach freien Quarks in der Natur oder wollten sie in Beschleunigern produzieren. Als sie scheiterten, begriffen die Theoretiker, dass Quarks, wenn sie einmal in ein Teilchen eingeschlossen sind, für immer festsitzen – eine Eigenschaft, die Confinement genannt wird.

Und so funktioniert es: Der Versuch, zwei Quarks auseinanderzuziehen, speist – wie bei einem Gummiband – Energie in das System ein. Gelingt es schließlich, ihre Bindung zu trennen, ist die in diese Trennung investierte Energie genauso hoch wie die benötigte Energie, um nach $E = mc^2$ zwei weitere Quarks für jede der frisch aufgebrochenen Bindungen zu erschaffen.

Heute ist das Modell mit sechs Quarks die Grundlage unserer Vorstellungen über den Aufbau der Materie und die tiefste Ebene, die wir bisher über die Vorgänge in der Natur aufdeckten. Aber die Frage bleibt: Gibt es noch weitere?

WAS KOMMT ALS NÄCHSTES?

Das nächste große Beschleunigerprojekt ist der International Linear Collider (ILC). Wie der Name sagt, sollen dort Elektronen- und Positronenbündel in einer langen geraden Röhre beschleunigt werden, die dann, wenn sie die maximale Energie erreicht haben, frontal zusammenstoßen. Die Anlage wäre etwa 35 Kilometer lang, bis jetzt gibt es noch keine Kostenschätzungen.

GLOSSAR DER TEILCHENPHYSIK

Sobald wir uns in das Dickicht der Elementarteilchen wagen, stoßen wir auf viele absonderliche Bezeichnungen. Doch sie sind alle vollkommen wissenschaftlich:

Hadron | Jedes der Hunderten von Teilchen, die im Atomkern vorkommen. Es bedeutet »die mit starker Wechselwirkung«. Die bekanntesten Hadronen sind Proton und Neutron.

Baryon | Hadronen, die wie Proton und Neutron aus drei Quarks bestehen. Es bedeutet »die Schweren«.

Meson | Hadronen, die aus einem Quark-Antiquark-Paar bestehen. Der Name bedeutet »das Mittlere«. Die Masse der ersten entdeckten Mesonen lag zwischen der von Protonen und Neutronen.

Lepton | Ein Elementarteilchen, das in der Regel nicht im Kern vorkommt. Die Bezeichnung bedeutet »das mit schwacher Wechselwirkung«. Das bekannteste Lepton ist das Elektron. Es gibt fünf weitere: zwei dem Elektron ähnliche, aber massigere Teilchen und drei Typen von Neutrinos.

Neutrino | Ein Lepton ohne elektrische Ladung und fast ohne Masse. Es bedeutet »das kleine Neutrale«. Die Kernreaktionen in Sternen produzieren massenweise Neutrinos. Ihr Nachweis war eine der wichtigen Aktivitäten der modernen Astrophysik. Es gibt drei verschiedene Sorten von Neutrinos, entsprechend den drei Massen der Leptonen.

Up- und Down-Quarks | Die Quarks, aus denen Protonen und Neutronen bestehen.

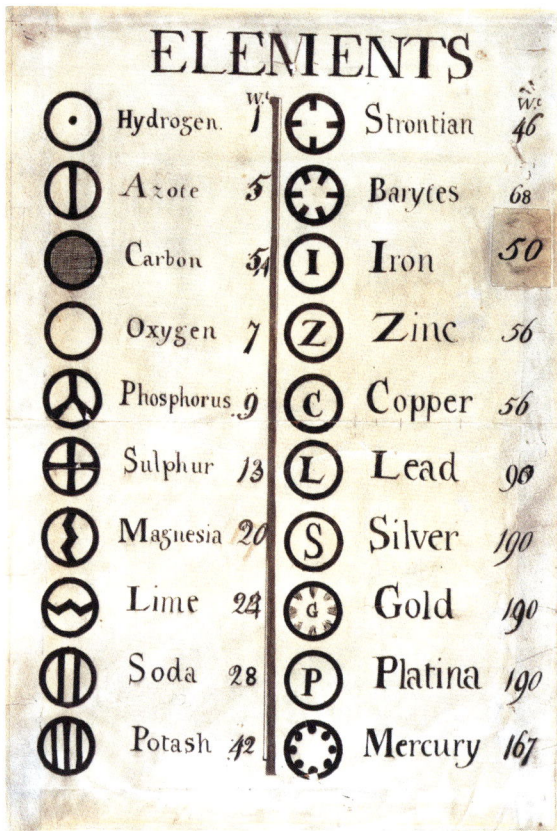

Um 1800 führte der englische Chemiker John Dalton die bekannten Elemente auf, entsprechend seiner Schätzung ihres Gewichts.

■ **Quark-Farbe** I Eine Eigenschaft der Quarks etwa analog zur elektrischen Ladung. Ein Quark kann jede von drei möglichen Farbladungen besitzen: rot, grün und blau. In Spektren ergibt die Kombination dieser drei Farben weißes Licht. Teilchen müssen aus Quark-Kombinationen bestehen, deren Farbladungen zusammen Weiß ergeben.

■ **Quark-Flavour** I Bestimmt, über welche Art von Quark wir sprechen. Die Up- und Down-Quarks haben zum Beispiel verschiedene Flavours.

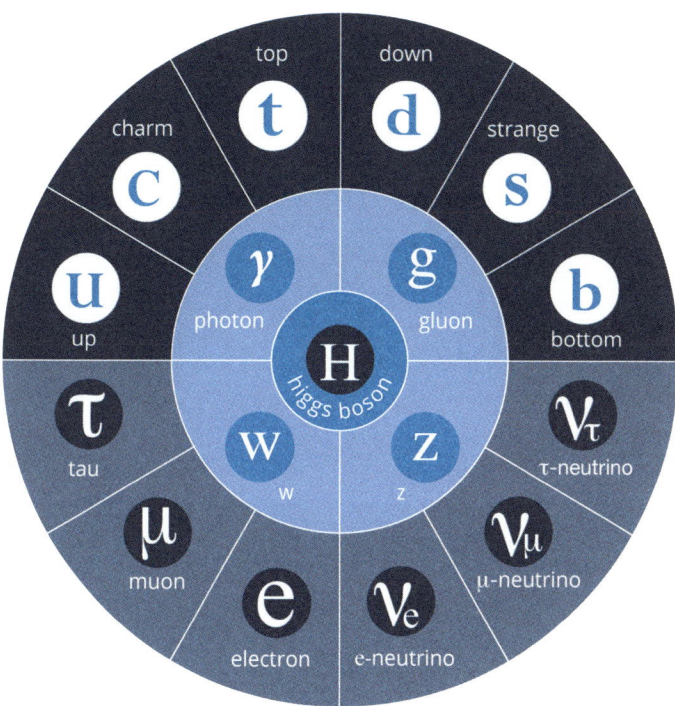

Das Periodensystem kennt heute 120 Elemente. Doch wir können eine einfachere Tabelle erstellen, die nicht die Elemente, sondern ihre subatomaren Teilchen enthält, die alle experimentell beobachtet wurden.

◼ **Gluon** I Ein Teilchen, das die Kraft erzeugt, die die Quarks zusammenhält, wenn es zwischen Quarks ausgetauscht wird. Wie Quarks tragen Gluonen Farbladungen.

◼ **Strangeness** I Eine Eigenschaft der Strange-Quarks, ungefähr analog zur elektrischen Ladung. Einer ihrer Effekte ist, den Zerfall von Teilchen mit diesem speziellen Quark zu verlangsamen.

◼ **Charm** I Eine Eigenschaft mit derselben Wirkung wie Strangeness, doch spezifisch für Charm-Quarks.

■ **Bottom und Top** | Eigenschaften mit derselben Wirkung wie Strangeness, doch spezifisch für Bottom- und Top-Quarks.

GIBT ES SOGAR NOCH MEHR EBENEN?

Bilden die Quarks definitiv die Grundstruktur des Universums? Sind wir damit bei den Nullen und Einsen des Kosmos? Die theoretische Physik sucht nach einer Antwort auf diese Frage. Zwei Ansätze führen uns zum nächsten Schritt, wenn es denn einen gibt: die Stringtheorie und die Theorie der Schleifenquantengravitation.

STRINGTHEORIE | Diese Theorie betrachtet die verschiedenen Quarks als verschiedene Formen vibrierender Strings, als sehr kleine Fäden: eine Million-Milliarde Mal kleiner als der Atomkern. Doch die Größe ist dabei nicht das Problem, sondern dass diese Strings in 10^{-26} Dimensionen vibrieren müssen, damit die Theorie mathematisch Sinn ergibt.

Wir leben in einer Welt mit vier Dimensionen. Als Sie sich das letzte Mal mit einem Freund verabredeten, sagten Sie vielleicht: »Triff mich auf der 86. Etage des Empire State Building, Ecke 34. Straße und Park Avenue.« Das sind drei Koordinaten (Höhe, Breite, Länge) oder drei Dimensionen. Doch diese drei Angaben wären für das Treffen nicht ausreichend. Es gilt noch die Frage nach dem »Wann?« zu klären. Zeit ist die vierte Dimension.

Um ein Treffen im zehndimensionalen Raum des Universums der Stringtheorie zu planen, benötigen Sie zehn Koordinaten. Wir leben in vier davon, die übrigen sind zu klein, um sie wahrzunehmen.

Zum Vergleich: Wenn Sie einen Gartenschlauch aus der Ferne betrachten, dann bemerken Sie sofort eine einzelne Dimension, die Schlauchlänge. Er sieht wie ein eindimensionales Objekt aus. Doch aus der Nähe sehen Sie, dass der Schlauch tatsächlich drei Dimensionen hat. Zwei davon, Breite und Höhe, sind im Verhältnis zur Länge sehr klein. Genauso, argumentieren Theoretiker, sehen wir die zusätzlichen Dimensionen der Strings erst, wenn wir sie mit wesentlich höheren als heute verfügbaren Energien erforschen können. Und die multiplen Vibrationen dieser Strings im multidimensionalen Raum erscheinen in unseren vier Dimensionen als die Teilchen, die wir sehen.

SCHLEIFENQUANTENGRAVITATION | Dieser Ansatz betrachtet nicht die Struktur der Quarks, sondern die Struktur der Raumzeit selbst. In den meisten Theorien sind Raum und Zeit einfach der konstante Hintergrund, vor dem sich die Ereignisse entfalten, wie im Theater vor der Kulisse. Vergrößert man den Maßstab genug (oder entsprechend die Energie), werden Raum und Zeit körnig oder quantisiert, sagen die Theoretiker. Auf dieser Stufe wird die Struktur des Raums ein Gewebe aus verflochtenen Schleifen – wie ein Kettenhemd. In diesem System interagieren Teilchen nicht *im* Raum, sondern *mit* dem Raum.

String- und Schleifenquantengravitations-Theorie haben zwei wichtige Dinge gemeinsam:

■ **Beide wollen die ultimative Theorie zur Erklärung der Struktur des Universums sein – was die Physiker als Weltformel bezeichnen.**

■ **Für keine von beiden gibt es experimentelle Belege.**

Damit haben wir die aktuellen Grenzen unseres praktischen und theoretischen Wissens darüber erreicht, woraus das Universum besteht. Und jetzt haben wir noch mehr Fragen als am Anfang.

WAS IST

LEBEN?

Die Feingliedrigkeit des Lebens:
Forsythien-Pollen unter
dem Rasterelektronenmikroskop.

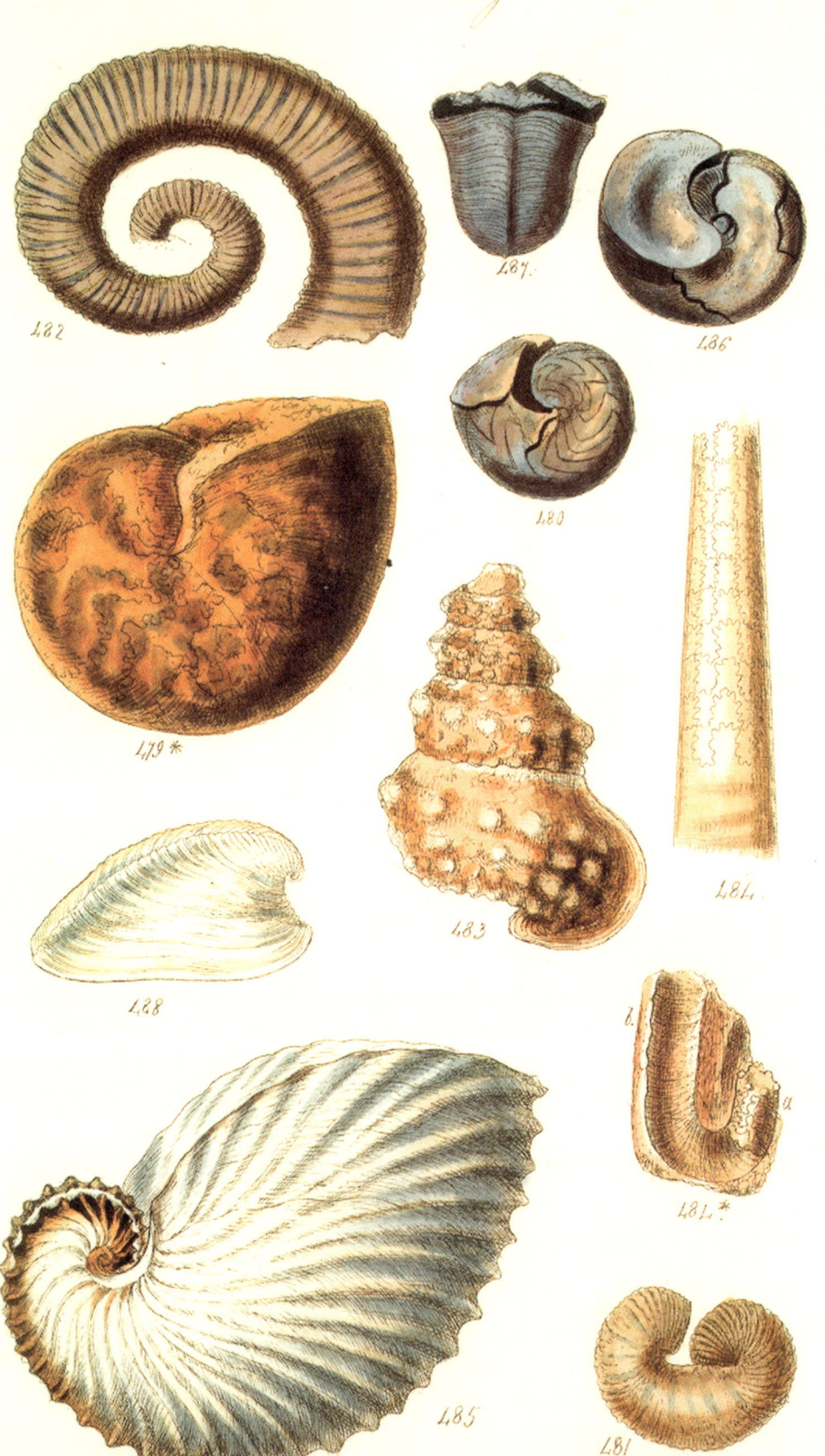

Fig 179 to 488

182.

187.

186.

180.

179 *

184.

188.

483.

184 *

b.

a.

185.

481.

6

Um im Universum Leben zu finden, sollten wir vermutlich zuvor einiges über das Leben auf der Erde wissen. Doch seien wir ehrlich: Eine klare Definition von Leben überfordert selbst gestandene Biologen. Leben ist ein sich ständig weiter entwickelndes Konzept und bleibt für die Wissenschaft ein Grenzgebiet. Leben wurde bisher auf drei verschiedene Arten zu definieren versucht: durch eine Liste, durch Geschichte und durch die Thermodynamik.

DEFINITION DURCH EINE LISTE | Ein Blick in irgendein Biologie-Lehrbuch, und schon finden Sie vermutlich eine Liste mit den Eigenschaften des Lebens und der Feststellung, etwas, was alles oder das meiste davon besitzt, sei Leben. Dazu könnte gehören, dass es aus Zellen besteht oder die Fähigkeit zur Umweltanpassung oder zur Fortpflanzung hat. So eine Liste ist offenkundig geozentrisch und könnte für einen Exoplaneten ungeeignet sein. Außerdem liegt es in der Natur von Listen, dass sie zugleich auf Probleme mit ihnen hinweisen.

Muscheln und Fossilien mit anmutigen Kurven und Spiralen, Formen des Lebens, die im 19. Jahrhundert für ein Handbuch gemalt wurden.

DEFINITION DURCH GESCHICHTE | 1994 berief die NASA ein Gremium, um Leben zu definieren. Es entschied: Leben ist ein selbsterhaltendes chemisches System mit der Fähigkeit zur darwinschen Evolution durch natürliche Selektion. Alles Lebende auf Erden soll von einer ersten Zelle abstammen, die mutmaßlich im Meer entstand. Wieder haben wir eine klare Definition des irdischen Lebens, ohne sie auf andere Welten übertragen zu können.

DEFINITION DURCH THERMODYNAMIK | Nach dem zweiten Hauptsatz der Thermodynamik geht ein geordnetes System, wenn es sich selbst überlassen wird, immer in einen ungeordneten Zustand über. Ein Eiswürfel (hohe Ordnung) wird zu einer Pfütze flüssigem Wasser (hohe Unordnung) schmelzen.

Lebende Systeme sind eindeutig ein Zustand hoher Ordnung. Stellen Sie sich vor, wie Sie aussähen, würden Ihre Körperzellen wahllos neu geordnet. Wie ein Eiswürfel im Eisschrank unter Stromzufuhr die Form bewahrt, halten lebende Systeme ihre Ordnung aufrecht, wenn sie Energie zuführen. Daher ist die thermodynamische Definition des Lebens ein System, das den Ordnungszustand durch den Zufluss von Energie bewahrt.

DAS EXPERIMENT, DAS ALLES ÄNDERTE

Ende des 19. Jahrhunderts hatte die Wissenschaft viele ihrer falschen Vorstellungen über das Leben verworfen und neue entwickelt. Niemand glaubte mehr an Dinge wie Spontanzeugung, daran, dass lebende Organismen einfach aus nicht lebender Materie hervorgehen. Solche Ideen waren überholt, die Keimtheorie revolutionierte die Medizin. Wir lernten bald, dass das Leben auf Chemie beruhte und, wie der deutsche Biologe Rudolf Virchow in seinem berühmten Grundsatz verkündete: *»Omnis cellula e cellula* – jede Zelle entsteht aus einer Zelle.« Doch eine Frage blieb unbeantwortet: Wie entstand das Leben? Stammten alle Zellen von anderen ab – und woher kam dann die erste? Eine unüberbrückbare Kluft schien lebende von toter Materie zu trennen. Einfach ausgedrückt: Die Moleküle lebender Systeme sind weit komplexer als die von nicht lebenden Systemen und ihre Verbindung blieb unergründlich. Also überließ man die Frage nach dem Ursprung des Lebens den Philosophen und besonders den Theologen. Die Naturwissenschaft ignorierte sie weitgehend.

Das änderte sich 1952 mit einem einfachen Experiment in einem Kellerlabor der Universität von Chicago. Der Nobelpreisträger Harold Urey und sein Doktorand Stanley Miller erstellten einen Versuchsauf-

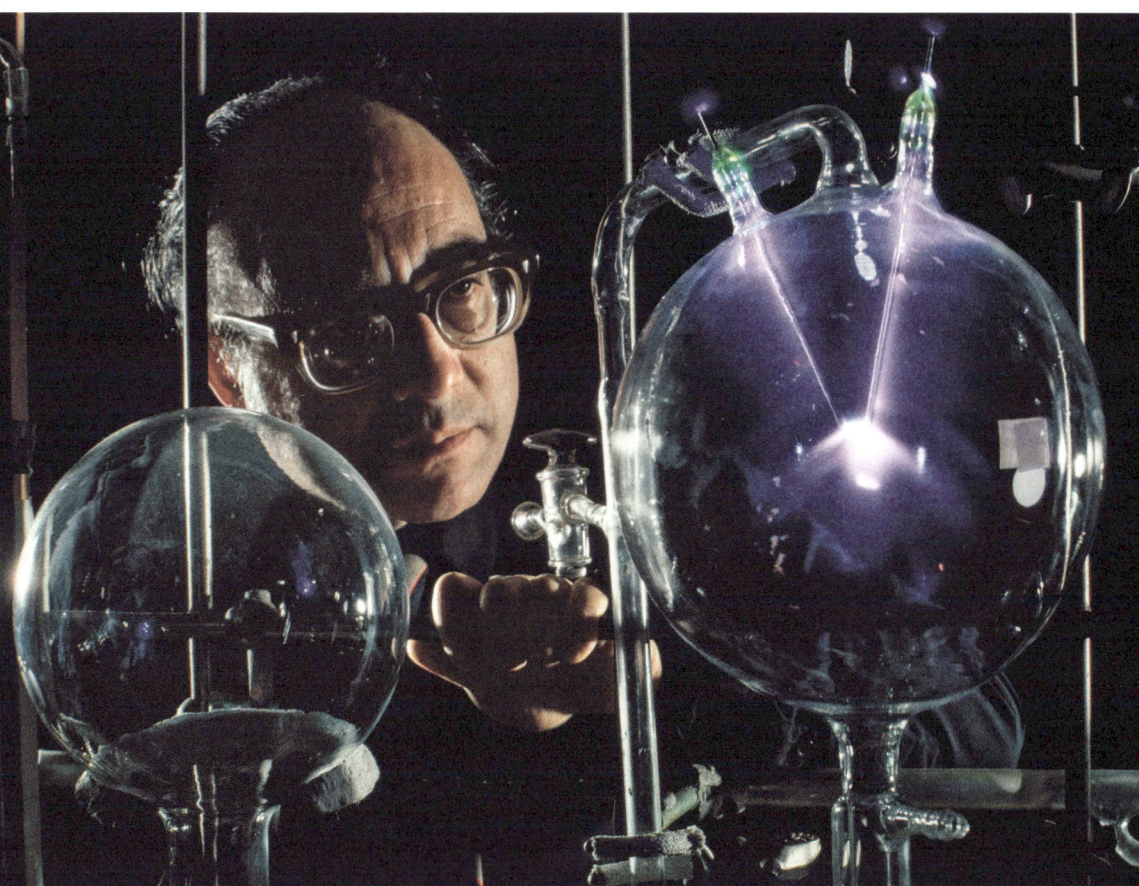

Stanley Miller am Versuchsaufbau von 1952, mit dem er und sein Professor, Harold Urey, die Chemie der frühen Erde nachahmen wollten, um die für das Leben notwendigen Moleküle zu erzeugen.

bau, der die Bedingungen der Frühzeit der Erde nachahmte: ein großer Glaskolben mit Wasser (für die Meere), elektrische Entladungen als Energiequelle (anstatt der Blitze) und Wärmezufuhr (für die Sonne). Sie führten von außen Gase zu, die, wie sie vermuteten, in der frühen Erdatmosphäre enthalten waren: Wasserdampf (H_2O), Methan (CH_4), Ammoniak (NH_3) und Wasserstoff (H_2).

Nachdem der Versuch einige Wochen gelaufen war, hatte das Wasser eine trübe, bräunliche Farbe angenommen. Die chemische Analyse zeigte, dass es Aminosäuremoleküle enthielt und damit die Grundbausteine komplexer Proteine, die die chemischen Reaktionen in lebenden Systemen steuern. Millers und Ureys primitiver Apparat, der mit einfachen Molekülen begann, die eindeutig nicht Teil lebender Systeme sind, hatte also anscheinend komplexe Moleküle erzeugt, die für lebende Systeme charakteristisch sind. Zumindest ein Teil der Kluft zwischen Leben und Nichtleben war überbrückt.

Obwohl sich Millers und Ureys Experiment als Meilenstein erwies, war es nicht perfekt. Zuallererst war die Auswahl der Gase falsch. Für die frühe Erdatmosphäre hätten sie Stickstoff und Kohlendioxid statt Methan und Ammoniak wählen müssen. Doch nachfolgende Experimente von zahlreichen Forschern zeigten, dass dieser Fehler keine Rolle spielte. Unter verschiedensten Bedingungen reproduzierten sie nicht nur Millers und Ureys Ergebnisse, sondern schufen vielerlei komplexe Moleküle bis hin zu DNA. Zudem wurden in Meteoriten und sogar interstellaren Gaswolken Aminosäuren und andere organische Moleküle gefunden. Die Natur besitzt Möglichkeiten, reichlich molekulare Bausteine des Lebens zu schaffen – auch, weil diese Moleküle Atome beinhalten, die im Universum am häufigsten vorkommen. Die Kluft zwischen Leben und Nichtleben scheint also heute nicht mehr so groß zu sein wie vor einem Jahrhundert.

Könnten Meteoriten die Essenz des Lebens auf unseren Planeten gebracht haben? Vor etwa vier Milliarden Jahren regneten zahllose Gesteinstrümmer aus dem Weltraum auf Erde und Mond. Viele Meteoriten enthalten Aminosäuren, die zentralen biologischen Bausteine.

BRACHTE WELTRAUMGESTEIN DAS LEBEN AUF DIE ERDE?

Seit Mitte des 20. Jahrhunderts wissen wir, dass Meteoriten – die Überreste aus Felsen und Metallen von Asteroiden und Kometen, die den Sturz durch die Erdatmosphäre überstehen – Aminosäuren enthalten und damit die Bausteine des Lebens. Forscher untersuchten auf jedem Kontinent Funde von Weltraumgestein. Die besten fanden sie in der Antarktis, wo die dunklen Steine in der gleichförmig weißen Umgebung schnell auffallen und von Zivilisationseinflüssen unberührt bleiben. Astrochemiker, die sie untersuchten, vermuten, dass sich die außerirdischen Aminosäuren während der Entstehung des Sonnensystems vor Milliarden von Jahren bildeten, eingeschlossen in den Felsen durch den Weltraum reisten und auf unserem Planeten landeten. Viele Wissenschaftler glauben, dass dieses Gestein das Leben auf der Erde säte.

Abgesehen davon, dass man sie leicht findet, bieten die Meteoriten der Antarktis den Vorteil, dass ihre eisige Umgebung nahezu unberührt ist. Die Forscher verglichen die Aminosäuren im Eis mit denen des Meteoriten: Sie stimmten nicht überein – ein guter Beleg dafür, dass die Aminosäuren aus dem Fels nicht von einer Verunreinigung auf der Erde herrühren, sondern tatsächlich aus dem Weltraum kommen.

Doch woher wissen wir, dass diese Aminosäuren vor Milliarden von Jahren entstanden?

Vor 2007 konnten Forscher nur die wenigen Gesteinsstücke studieren, die auf die Erde gestürzt waren und der Verwitterung standgehalten hatten. Dann brachte die NASA-Mission Stardust als erste Raumsonde Proben von einem Kometen auf die Erde. So konnte man die Zusammensetzung von Gestein untersuchen, wie es im Weltraum existiert. Kometen sind uralte Eiskörper aus den Anfangstagen des Sonnensystems, die im Kuipergürtel und in der Oortschen Wolke kreisen, unbehelligt von den erosiven und korrosiven Kräften der Erdoberfläche. Sie erzählen die Geschichte von der Entstehung des Sonnensystems und enthalten organische Moleküle in ihrem Eis, das diese über Milliarden von Jahren erhalten hat.

Wenn sich aber ein Komet der Sonne nähert, verdunstet das Eis und hinterlässt uralte Staubkörner im Schweif des Kometen, den wir von der Erde sehen. Die Stardust-Sonde flog durch so einen Schweif, sammelte Staubproben ein und brachte sie zur Erde. Und niemand war überrascht, als die Forscher Aminosäuren in den Proben fanden. Neun Jahre später bestätigte die Rosetta-Mission der ESA diese Funde, als ihre Instrumente die Aminosäure Glycin im Schweif eines anderen Kometen entdeckten.

Zwischen den Felsen der eisigen Antarktis liegen Meteoriten. Sie sind die am wenigsten verunreinigten Stücke von Kometen und Asteroiden und könnten Hinweise auf die Ursprünge des irdischen Lebens geben.

DIE RNA-WELT

Was war zuerst da, die Henne oder das Ei? Diese Scherzfrage, die Kinder schon so oft verwirrte, ist für die Geschichte vom Ursprung des Lebens besonders relevant. Die chemischen Reaktionen, die einen Organismus am Leben erhalten, werden durch komplexe Moleküle gesteuert: die Enzyme, eine Art von Protein, die spezifische Reaktionen ermöglichen. Der Code, der die Proteinproduktion lenkt, ist in Desoxyribonukleinsäure-Molekülen (DNA) enthalten.

Die DNA ist wie ein Satz von Anweisungen in einem Fabrikbüro. Um aus den Anweisungen ein fertiges Produkt herzustellen, muss die in ihnen enthaltene Information in die Fabrikhalle kommen, in der die eigentlich Montage erfolgt. In einem Lebewesen leisten diese

Ein DNA-Strang wird aufgetrennt und transkribiert, um RNA-Moleküle zu produzieren. In der Darstellung ist auch der Zellkern (oben links) zu sehen, der die dazu benötigten Nukleinsäuren liefert.

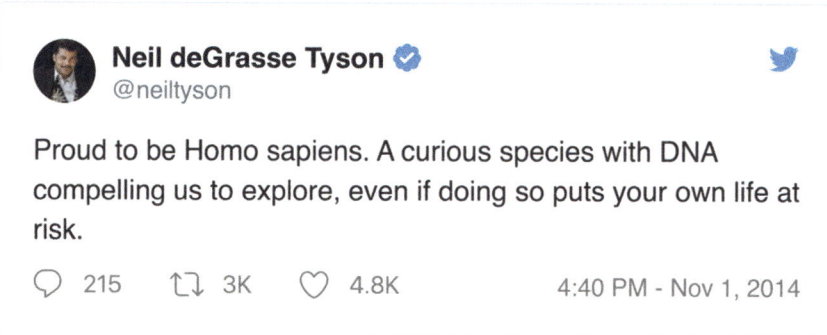

Ich bin stolz, ein Homo sapiens zu sein. Eine neugierige Spezies mit DNA, die uns zwingt zu forschen, selbst wenn es das eigene Leben gefährdet.

Informationsvermittlung die Ribonukleinsäure-Moleküle (RNA). Die DNA enthält auch die Codes zur Herstellung der RNA.

Das Problem dabei: Um Enzyme herzustellen, die die Chemie des Lebens regeln, benötigen wir RNA. Um RNA herzustellen, müssen wir die Anweisungen entschlüsseln, die die DNA dafür enthält. Und diesen chemischen Prozess steuern Enzyme. Um RNA herzustellen, benötigen wir also Enzyme, aber um Enzyme herzustellen, benötigen wir die RNA.

Zurück zur Ausgangsfrage: Was war zuerst da, die Henne oder das Ei? Anfang der 1980er-Jahre fanden die amerikanischen Biochemiker Thomas Cech und Sidney Altman eine Lösung für das Henne-Ei-Problem und erhielten dafür 1989 den Chemie-Nobelpreis. Sie entdeckten, dass bestimmte RNA-Arten in chemischen Reaktionen als Enzyme agierten. Ist nun eine dieser RNA-Arten wie im Miller-Urey-Experiment entstanden, könnte sie als Enzym chemische Reaktionen steuern – und auch den Code enthalten, um sich selbst, aber auch einfache Enzyme zu produzieren. In diesem Szenario waren diese speziellen RNA-Arten die ersten komplexen Moleküle, die schließlich zur modernen Zelle führten.

Aber das ist nicht die einzige Hypothese über den Ursprung des Lebens, obwohl sie von den Biochemikern stark unterstützt wird. Eine andere ist, dass Mineralien, die Lehm ähneln, die Enzyme ersetzten, indem sie die Moleküle mittels elektrischer Ladung auf ihrer Oberfläche anordneten. Eine dritte besagt, dass die ersten Zellen gar keine Enzyme enthielten, sondern ihre einfachen chemischen Prozesse ohne sie funktionierten.

Doch alle sind sich einig: Diese erste Zelle, egal wie sie aussah, hat die Erde für immer verändert.

DIE NATÜRLICHE SELEKTION

Wir wissen nun, dass sich die Basisbausteine des Lebens in der Natur von selbst zusammensetzen. Bleibt die große Frage, wie daraus eine primitive Zelle entstand – ein Organismus mit chemischen Reaktionen, der sich selbst reproduziert. Sobald diese Urzelle auftauchte, setzte ein neuer Prozess ein, die natürliche Selektion. Diese sorgte dafür, dass aus der Urzelle mit der Zeit das vielfältige und komplexe Leben wurde, das wir heute auf der Erde vorfinden.

Diese einsame erste Zelle nahm Moleküle aus der Umwelt auf, führte chemische Reaktionen aus und reproduzierte sich selbst – vielleicht mit den oben erwähnten RNA-Methoden. Schließlich wimmelte es auf der Erde von einfachen Zellen, die sich von den Ressourcen der Umwelt ernährten.

Irgendwann veränderte ein Umwelteinfluss – Strahlung, Wärme oder eine Chemikalie – eines der Moleküle in der Zelle. Wir nennen das eine Mutation. Meistens führt sie dazu, dass sich die Zelle nicht mehr reproduzieren kann.

»SURVIVAL OF THE FITTEST«

Der Ausdruck »survival of the fittest« kommt in Charles Darwins ursprünglichem Werk *Die Entstehung der Arten* (1859) nicht vor. Er wurde vom englischen Biologen Herbert Spencer geprägt, nachdem er Darwins Buch gelesen hatte. Erst für die fünfte Ausgabe seines Buchs übernahm Darwin diesen Ausdruck, der seitdem zur Kurzformel für das Konzept der natürlichen Selektion wurde.

Etwa 4000 Arten von Foraminiferen – einzelligen Meeresbewohnern – bevölkern die Ozeane. 500 Millionen Jahre alte Fossilien der Art zeigen, wie sie sich im Laufe der Zeit durch natürliche Selektion veränderten.

Doch gelegentlich führt eine Mutation zu einer Zelle, die die Umweltressourcen sogar effizienter verwerten kann als andere Zellen. Wichtiger ist aber: Die Zelle wird sich besser als andere vermehren können. Diese Mutation wird kopiert und an alle Zellnachfahren weitergegeben. Schließlich besitzt die gesamte Zellpopulation dasselbe mutierte Molekül. Das meinen wir mit natürlicher Selektion.

Natürliche Selektion ermöglicht die Biodiversität und treibt sie an. Stürme wehen einige Zellen in die Arktis, andere bleiben in den Tropen, und die verschiedenen Umgebungen begünstigen verschiedene Mutationen. Geschieht dies lang genug, erhalten wir an verschiedenen Orten verschiedene Zelltypen. Die natürliche Selektion ist ein einfacher, logischer Prozess, der vermutlich auch in Welten abläuft, die völlig anders als die Erde sind. Das heißt nicht, dass die Ergebnisse dieselben sein müssen. Die verschiedenen Umwelten auf den Exoplaneten werden sicher andere Lebensarten hervorbringen. Ein großer Felsplanet mit viel stärkerer Gravitation als die Erde könnte zum Beispiel kleinere, plattere Arten begünstigen, ein Planet mit gebundener Rotation wieder völlig andere Lebensformen. Da solche Planeten auf einer Seite ständig dem Licht und der Hitze ihres Sterns ausgesetzt sind, führt die stark ungleiche Erwärmung ihrer Oberfläche zu heftigen Winden – Umstände, die einen aerodynamischen Körper begünstigen könnten.

IST KOMPLEXITÄT UNVERMEIDLICH?

Die ersten 2,5 Milliarden Jahre ihrer Existenz war die Erde eigentümlich uninteressant. Ein außerirdischer Besucher hätte eine Meereswelt mit blaugrünem klebrigem Zeug am Ufer vorgefunden. Dieses Fotosynthese betreibende Etwas bestand aus einzelligen, primitiv aufgebauten Mikroben. Die Zellen hatten nicht einmal einen Kern, die DNA schwebte darin frei herum.

Vor etwa zwei Milliarden Jahren schluckte eine große Zelle eine kleinere und die zwei stellten fest, dass sie als Einheit viel erfolgreicher waren als getrennt. Diese beidseits vorteilhafte Beziehung, Symbiose genannt, katapultierte das Leben auf den Weg in Richtung Komplexität, die wir an den Lebewesen heute sehen. Das Zeug im Meer entwickelte sich noch eine Milliarde Jahre weiter, bis zum nächsten entscheidenden Ereignis. Vor etwa 800 Millionen Jahren bemerkte eine Gruppe von Zellen, dass sie erfolgreicher waren, wenn sie sich zusammenschlossen und eine Art Arbeitsteilung einführten.

Die ersten Vielzeller waren einfach – und doch gleicht die Geschichte ihrer Komplexität der eines Autobahnnetzes. Es hängt von vielerlei flankierenden Leistungen ab: Jemand muss Autos bauen und verkaufen, jemand Benzin produzieren und vertreiben, jemand die Straßen teeren und so weiter.

Neil deGrasse Tyson ✔
@neiltyson

Before every tweet, I take deep hits of gaseous cocktails comprised of 78% N2 and 21% O2. A long-revered elixir of life.

💬 383   🔁 4K   ♡ 10.9K   4:04 PM · Mar 9, 2016

Vor jedem Tweet nehme ich in tiefen Zügen Gascocktails zu mir, aus 78 % N_2 und 21 % O_2. Seit Langem ein geschätztes Lebenselixier.

Wie wir wissen, entstand das Autobahnnetz nicht in einem Rutsch. Moderne Straßen waren zuvor oft Tierwechsel und Pfade. Mit der Zeit verwandelten sie sich in unbefestigte Straßen. Dann bauten Leute wie Henry Ford Autos. Viele Autos. Nach und nach wurden die Straßen geteert und Tankstellen errichtet. Das moderne Autobahnnetz erwuchs in all seiner Komplexität aus einer langen Evolution mit vielen Schritten – einige kleiner, einige größer. Dasselbe gilt für das Leben.

INTELLIGENZ & TECHNOLOGIE

Technologie ist das Resultat von Intelligenz. Setzen wir wissenschaftliche Erkenntnisse und einige kluge Ingenieure für spezielle Ziele ein, erhalten wir Technologie. Technologie ist die Erfindung des Rads zum Transport schwerer Dinge, des Lagerfeuers zum Kochen von Essen und des Smartphones, um uns mit dem Rest unserer Spezies zu verbinden.

Die Evolution der menschlichen Technologie erforderte zwei Vorläufer: komplexe Zellen und multizelluläres Leben. Beide benötigten für ihre Entwicklung jeweils mehr als eine Milliarde Jahre. Falls das heißt, dass diese Entwicklungsschritte schwierig sind, dann könnten

Intelligenz und Technologie im Universum gar nicht so häufig sein, wie wir vermuten.

Andererseits braucht es für ein hochkomplexes Verhalten nicht viel Hirn. Die Honigbiene mit ihrem winzigen Kopf schildert ihren Mitbienen mit mathematisch raffinierten Schwänzeltänzen den Ort von entfernten Nahrungsquellen. Der Gemeine Krake navigiert mit seinem primitiven Hirn durch Labyrinthe und entkommt aus ihren Engstellen – nicht zu vergessen, dass er acht Anhängsel aktiv und unabhängig voneinander steuert.

Doch es gibt keine Aufstellung, die die Vielfalt an Gehirnen und Intelligenz im irdischen Tierreich vergleicht. Je nachdem wie man Intelligenz definiert, kann sie auch schon früh in der Evolution aufgetaucht sein. Noch das primitivste Verhalten, wie zum Beispiel ein Raubtier zu entdecken und zu fliehen, verhilft zu einem evolutionären Vorteil. Aber wenn Intelligenz für das Überleben so wichtig ist, warum

Ein indonesischer Ader-Oktopus hastet mit Muschelschalen zwischen den Tentakeln über den Meeresboden – immer bereit, sich zu verstecken.

Ich vermute, wenn ein Oktopus einen Menschen in einem Raum einsperren wollte,
müsste er nur eine Tür mit drei Türklinken entwerfen.

laufen wir dann Gefahr, uns mit den Schöpfungen unserer Intelligenz
auszurotten?

Und muss Intelligenz immer zu Technologie führen? Die Dinosaurier beherrschten die Welt über 200 Millionen Jahre und entwickelten nie Lagerfeuer, formulierten nie eine Relativitätstheorie
und schauten nie Netflix. Sie hätten sicher noch länger durchgehalten,
hätte nicht vor 66 Millionen Jahren zufällig ein Asteroid die Erde
getroffen und ihnen den Tag verdorben. So könnten wir uns unzählige
Welten vorstellen, die von Dinosauriern regiert werden, die weniger
Pech hatten.

ORGANELLEN

Die Zellen der Menschen und anderer Mehrzeller enthalten in ihrem Inneren
viele komplexe Gebilde, die Organellen. Jede davon gilt als das Resultat eines
symbiotischen Ereignisses in der Evolution. Die Organelle mit der DNA der
Zelle heißt Nukleus und die Kraftwerke der Zelle heißen Mitochondrien. Für
verschiedene andere Funktionen, die die Zelle zum Leben benötigt, gibt es
weitere Organellen.

SYNTHETISCHES LEBEN

Was, wenn unsere Form von Leben nur eine Zwischenstation auf dem Weg zu etwas anderem ist? Wenn ein Endpunkt in der Evolution des organischen Lebens eine Lebensform jenseits der Biologie ist – eine, die sich aus modernen Computern entwickelt? Für einige Wissenschaftler und Futuristen ist dieser Weg der menschlichen Evolution nicht nur möglich, sondern unvermeidlich. Science-Fiction-Autoren bezeichnen dies als *Homo siliconensis,* da Siliziumchips ein Hauptbestandteil von Transistoren und die wiederum Hauptbestandteile moderner Computer sind.

1965 wagte der amerikanische Ingenieur Gordon Moore angesichts der rasenden Entwicklung der Computertechnologie eine bemerkenswerte Prognose, die als Mooresches Gesetz bekannt wurde. Er sagte vorher, dass sich die Zahl der Transistoren auf einem Chip – und damit

Der autonome, programmierbare humanoide Roboter Romeo kann gehen, Treppen steigen und Objekte greifen. Er lernt, Alter einzuschätzen und anhand von Gesichtsausdrücken Gefühle zu erkennen.

Neil deGrasse Tyson ✓
@neiltyson

Odd that our measures of animal intelligence are often tests for what we do best, rather than tests for what they do best.

💬 891   🔁 13.9K   ♡ 48.5K   11:29 AM - Feb 10, 2017

Merkwürdig: Wir messen tierische Intelligenz oft daran, was wir am besten können, und nicht daran, was sie am besten können.

die Leistung der Computer – alle zwei Jahre verdoppeln würde. (Später reduzierte er dies auf 18 Monate.) Das Mooresche Gesetz ist keine Naturkonstante wie die Gravitation, es ist eine Beobachtung, die sich aber die letzten 50 Jahre hindurch als ziemlich genau erwiesen hat. Die Transistoren wurden immer kleiner. Computer, die einst die Größe eines Kühlschranks hatten, halten Sie heute in der Hand. Transistoren sind nun so winzig, dass sie bald an die fundamentalen Grenzen der physikalischen Gesetze stoßen. Sie können einfach nicht mehr kleiner werden.

DAS BÜROKLAMMER-UNIVERSUM

Der Philosoph Nick Bostrom von der Oxford University entwarf zur Singularität eine amüsante Dystopie. Stellen Sie sich vor, meinte er, Sie würden einen Roboter entwerfen, der aus der Materie seiner Umwelt Büroklammern herstellt. Die Maschine produziert immer effizientere Versionen von sich selbst, bis zuletzt das gesamte Universum zu Büroklammern wird. Sie ist nicht böswillig und hasst Sie auch nicht. Sie benötigt einfach nur Ihre Körperatome, um daraus Büroklammern zu machen.

Positiver formulierten es der Computerpionier Danny Hillis und seine Kollegen für den Slogan ihrer Firma Thinking Machines: »Wir bauen eine Maschine, die stolz auf uns sein wird.«

Der amerikanische Futurist Ray Kurzweil prognostiziert, dass wir diese physikalischen Grenzen durchbrechen und die Computertechnologie durch Überwindung des Siliziumchips weiter exponentiell verbessern werden. Ein Anwärter dafür ist die fortschreitende Quantentechnologie. Mithilfe der Quantenverschränkung benötigen solche Computer nur einen Bruchteil der Zeit moderner Computer, um für komplexe Algorithmen die einfachsten Lösungen zu finden.

Computeringenieure auf der ganzen Welt liefern sich gerade ein Wettrennen, um diese Technologie zu perfektionieren. Sollte die Leistung der Computer Moores Wachstumskurve weiter folgen, wird sie in 20 Jahren 1000-mal und in 30 Jahren eine Milliarde Mal höher sein als heute.

Was wird geschehen, wenn diese Maschinen die menschliche Intelligenz nachahmen und dann übertreffen können? Noch wichtiger: Was, wenn sie sich ihrer selbst bewusst werden und sich selbst verbessern können? Würden wir solche Maschinen als Leben anerkennen? Sollten wir?

Diese hypothetische Situation wird als Singularität bezeichnet. Das der Mathematik und Astrophysik entlehnte Wort benennt den Zustand, wenn ein Objekt nicht definier- oder berechenbar ist. Singularität bezeichnet auch das Zentrum eines Schwarzen Lochs – ein Ort, an dem unsere Gesetze der Physik versagen. Wie die technologische Singularität entzieht sie sich allen schlüssigen, evidenzbasierten Vorhersagen. Hier regiert die Hypothese.

In Science-Fictions wimmelt es von lebenden künstlichen Systemen. Denken Sie an den Androiden Data in *Raumschiff Enterprise – Das nächste Jahrhundert,* den Hologramm-Doktor in *Star Trek: Raumschiff Voyager,* die Terminatoren der *Terminator*-Filmreihe oder die Replikanten im Kultfilm *Blade Runner.* Sollte uns so etwas begegnen, würden wir dann sagen, dass sein Verhalten dieses Wesen als Leben qualifiziert, oder wären wir auf die Tatsache fixiert, dass es fabriziert und eben nicht geboren wurde?

Die wahrscheinlichste künstliche Lebensform, die uns begegnen wird, ist wohl etwas wie eine Von-Neumann-Sonde. Solche Sonden,

Neil deGrasse Tyson ✔
@neiltyson

Seems to me, as long as we don't program emotions into Robots, there's no reason to fear them taking over the world.

💬 985   🔁 2.8K   🤍 4.4K   11:29 PM - Aug 8, 2014

Solange wir den Robotern keine Gefühle einprogrammieren, müssen wir nicht befürchten, dass sie die Welt übernehmen.

benannt nach dem ungarisch-amerikanischen Mathematiker John von Neumann, wären kleine intelligente Sonden, die von fortgeschrittenen Zivilisationen zu den nächstgelegenen Exoplaneten geschickt werden. Nach ihrer Ankunft würden sie den Planeten bewohnbar machen und die Infrastruktur schaffen, die die Zivilisation bei ihrer späteren Ankunft dort benötigen würde. Die erste Aufgabe dieser Sonden nach ihrer Landung wäre, sich aus den natürlichen Ressourcen des Planeten selbst zu vervielfältigen und dann zum nächsten Exoplaneten zu starten. Somit wüchse die Zahl der von diesen Sonden besuchten Exoplaneten exponentiell. Man kann sich das wie eine Kolonisierungswelle vorstellen, die sich unaufhörlich über die Milchstraße ausbreitet, ganz egal, ob die sie aussendende Zivilisation überlebt oder nicht.

LEBEN IRGENDEINER ANDEREN ART

Vermutlich begrenzen mehrere grundlegende Prinzipien der Natur das Leben auf der Erde. Temperatur und Zeit sind zwei davon – und sie sind auf überraschende Art verbunden.

Mit wenigen Ausnahmen bewohnt alles Leben der Erde eine Umwelt mit Temperaturen zwischen etwa dem Siede- und dem Gefrierpunkt des Wassers. Sinkt die Temperatur tiefer, hält das Leben

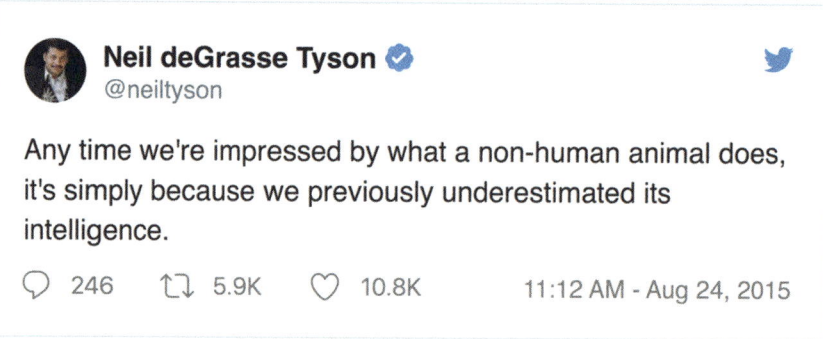

Neil deGrasse Tyson ✔
@neiltyson

Any time we're impressed by what a non-human animal does, it's simply because we previously underestimated its intelligence.

💬 246   🔁 5.9K   ♡ 10.8K   11:12 AM - Aug 24, 2015

Immer wenn wir so beeindruckt sind von dem, was ein nicht menschliches Tier macht, liegt das einfach daran, dass wir seine Intelligenz unterschätzten.

Winterschlaf oder stirbt. Ist sie höher, wird es getötet. Prinzipiell könnte es Leben jenseits dieser Grenzen geben, doch es wird anders sein, als wir uns das je vorstellten.

Was hat nun die Temperatur mit der Zeit zu tun? Eine chemische Reaktion, die bei einer Temperatur mit einer bestimmten Geschwindigkeit abläuft, dauert im Durchschnitt doppelt so lange, wenn die Temperatur 10 °C tiefer ist. Daher hält Nahrung im Kühlschrank und der Gefriertruhe über Wochen und Monate und verdirbt nicht. Denn Verderben ist nichts anderes als chemische oder biologische Reaktion. Auf dem Saturnmond Titan schwanken die eisigen Temperaturen um minus 200 °C. Das ist kalt genug, um Wasser dauerhaft im Grundgestein einzufrieren und Methangas zu verflüssigen, woraus Regen, Flüsse und Seen bestehen.

Benötigt Leben flüssiges Wasser? Oder nur Flüssigkeit? Auf dem Titan würde bei diesen Temperaturen jeder Stoffwechselprozess, der auf der Erde in einer Minute abliefe, einige Monate brauchen. Bliebe noch die Frage, ob wir eine Lebensform erkennen würden, bei der jeder Atemzug aufgrund der tiefen Temperaturen Monate oder

2005 brachte Cassini die Huygens-Sonde (Bild) zum Saturnmond Titan, wo es Leben geben könnte. Während der ersten erfolgreichen Landung im äußeren Sonnensystem übertrug die Sonde 72 Minuten lang Daten.

Jahre dauert. Oder würden wir sie als leblos betrachten? Am anderen Ende der Skala, bei hohen Temperaturen, bewegen sich Teilchen so schnell, dass Kollisionen zwischen komplexen Molekülen zu ihrer Zerstörung führen. Daher rechnen wir in heißer Lava nicht mit lebenden Organismen.

Das Leben auf der Erde, so wie wir es verstehen, operiert in Zeiteinheiten von Sekunden oder Minuten. Wie lang braucht ein Atemzug oder ein Pulsschlag? Doch synthetisches Leben könnte zum Beispiel viel schneller funktionieren, da es nicht so limitiert wäre wie die fragile, temperaturempfindliche organische Lebensform, die wir von der Erde kennen.

EXTREMOPHILE

Obwohl wir in geschmolzener Lava oder eisigen Methanseen kein Leben erwarten, wissen wir, dass einige Mikroben in kochendem Wasser nicht nur überleben, sondern es sogar lieben, so wie in den heißen Quellen im Yellowstone-Nationalpark oder den trockenen, extrem salzigen Hochebenen der Anden.

Organismen, die in solch tödlichen Umgebungen gedeihen, werden als Extremophile bezeichnet, also »Liebhaber von Extremen«. Sie leben an Orten mit außergewöhnlichen Bedingungen wie ungewöhnlich heißen oder kalten Temperaturen, hohem Säuregehalt oder hoher Basizität, hohem oder niedrigem Druck. Wir finden Extremophile tief in der Erdkruste oder im tiefsten und dunkelsten Ozean, wo der Druck über 1000-mal höher ist als an der Oberfläche, was etwa einer Tonne pro Quadratzentimeter entspricht.

Die mikroskopischen Bärtierchen, auch liebevoll als Wasserbären bezeichnet, haben sich zum Beispiel als unverwüstlichste Extremophile erwiesen. Die achtfüßigen, gruseligen und doch liebenswerten Wasserbewohner könnten die hartgesottenste jemals entdeckte Lebensform sein. Sie überleben praktisch alles. Sie überstanden sogar Reisen in den Weltraum.

HYDROTHERMALQUELLEN

1977 stutzte der Meeresgeologe Robert Ballard: »Warte mal! Was ist das?« Er saß auf einem Forschungsschiff bei den Galapagosinseln und sah auf Bilder, die ein unbemanntes Tauchboot aus der Tiefe des Meeres sandte. Wie sich herausstellte, wurde er Zeuge der ersten Bilder von Hydrothermalquellen. Diese Entdeckung stellte unser Wissen vom Leben auf der Erde auf den Kopf. Hydrothermalquellen kommen an Spalten im Meeresboden vor, dort, wo tektonische Platten aufeinandertreffen. Das Meerwasser sickert in die Risse, vermischt sich mit heißer Lava und steigt chemisch und mineralisch angereichert als 370 °C heißes Wasser wieder auf. Schwefel und Kohlendioxid in den Mengen und Konzentrationen wie dort wären für die meisten Tiere giftig – und doch gibt es dort Leben.

Heute weiß man, dass der Meeresboden, der früher als öde, finstere Wüstenei galt, mit Temperaturen nahe dem Gefrierpunkt und unter Tausenden Kilo Druck pro Quadratzentimeter, ein blühendes Ökosystem ist. Die Bakterien dort lernten, Materie statt Sonnenlicht als Energiequelle zu nutzen, ein Prozess, der Chemosynthese genannt wird. Sie nähren nun Pflanzen und Tierarten, die ihre eigenen Anpassungen an diese feindlichste Umwelt entwickelten, in der wir auf der Erde jemals Leben entdeckten.

Röhrenwürmer gedeihen an kochend heißen, sauerstoffarmen Tiefseeschloten.

Neil deGrasse Tyson ✔
@neiltyson

The pudgy, lovable, mildly creepy, microscopic
Tardigrade "WaterBear" would make a most excellent
@Macys Thanksgiving Day parade balloon.

💬 869   ↻ 7.6K   ♡ 33.9K   9:47 PM · Nov 22, 2017

Das pummelige, liebenswerte, leicht gruselige, mikroskopisch kleine Bärtierchen wäre
ein toller Ballon bei der @Macys-Thanksgiving-Day-Parade.

2007 befestigte die Europäische Weltraumagentur (ESA) Bärtierchen an der Außenseite einer Kapsel, die zwölf Tage lang in einer erdnahen Umlaufbahn flog. Die Bärtierchen waren dem Vakuum des Weltraums und extremer kosmischer Strahlung ausgesetzt – und überlebten die Reise. Noch erstaunlicher ist aber die Fähigkeit der Bärtierchen, jahrzehntelang ohne Wasser zu überleben. Ohne Wasser werden Enzyme und DNA in den Zellen der Menschen und der meisten anderen Lebewesen schnell dysfunktional.

Eine Woche bis zehn Tage, und wir sind tot. Bärtierchen hingegen fallen in eine Art Scheintod und stellen die meisten Stoffwechselaktivitäten ein – die tiefste bekannte Form von Winterschlaf.

So spielen die Bärtierchen sowohl in Science-Fictions eine Rolle als auch in der Wissenschaft, wenn wir versuchen, Wege zu finden, lange Weltraumreisen zu überleben. Wir müssen nur ihre Geheimnisse des Überlebens entschlüsseln. Je besser wir das Leben auf der Erde verstehen, desto fundierter wird auch unsere Suche nach außerirdischem Leben sein.

Bärtierchen trotzen den extremen Bedingungen von gefrorenen Polarseen oder kochenden Tiefseeschloten und sogar hohen Strahlungsdosen.
Sie erweiterten unsere Definition von Leben und auch unsere Suche nach Lebensformen auf anderen Planeten.

SIND WIR ALL UNIVERSUM?

IN IM

Sind wir allein? Immer wieder schauen wir Menschen nach oben und staunen.

EUROPA

DISCOVER LIFE UNDER THE ICE

⟨⟨ ALL OCEAN VIEWS!!! ⟩⟩

Jeder, der sich mit den Fragen »Was ist Leben?« und »Sind wir allein?« beschäftigt, stößt an die Grenzen des Wissens: Die einzigen Lebensformen, die wir bisher erforschten, existieren nur auf der Erde. Das Leben auf Exoplaneten könnte völlig anders aussehen und funktionieren. Um dort draußen weiter nach Leben zu suchen, müssen wir eingestehen, dass wir eine Tendenz zur Kurzsichtigkeit haben.

LEBEN WIE UNSERES | Es gab eine Zeit, lange vor DNA-Sequenzierungen und anderen Fortschritten der Biotechnologie, in der wir Leben in zwei Kategorien pressten: Pflanzen und Tiere. Seitdem entdeckten wir auf unserem Planeten eine erstaunliche Vielfalt unter den Ein- und Vielzellern. Trotzdem teilen alle bekannten Lebensformen – Tiere, Pflanzen, Protisten, Pilze, Archaeen und Bakterien – eine grundlegende Chemie: Die Basis ihrer Struktur bilden Moleküle mit Kohlenstoff.

Lockt uns vielleicht eines Tages eine Reisewerbung auf den Jupitermond Europa, in dessen unterirdischem Ozean es fremdartiges Leben geben könnte?

Anmerkung für HOLLYWOOD: Ein Alien, dessen DNA nichts mit dem irdischen Leben
zu tun hat, sollte auch anders aussehen als ein Lebewesen hier.
Mehr als **irgendwelche** zwei Lebensformen auf der Erde voneinander.

Daher setzen die Menschen begreiflicherweise voraus, dass alles
Leben so aufgebaut ist, dass es aus Kohlenstoff gebaut ist, wie die
Lebensformen dieser Welt.

Die menschenähnlichen Aliens der Science-Fiction-Filme Holly-
woods bestätigen diese Annahme. Doch warum sollten Aliens wie
Menschen Zähne, Schultern und Finger besitzen? Warum sollten sie
einer Pflanze oder einem Tier auf der Erde gleichen? Was, wenn sich
das Leben woanders im Kosmos mehr von uns unterscheidet als wir
uns von Colibakterien? Wie könnte Leben noch aussehen?

EIN PLÄDOYER FÜR DAS LEBEN DER ERDE

Kohlenstoff kommt im Universum zehnmal häufiger vor als Silizium, der nächste
chemische Verwandte. Angesichts der molekularen Vielfalt von Kohlenstoff ist
die Idee von Leben auf Siliziumbasis zwar rational, aber unnötig. Und wieso
sollten wir annehmen, dass Leben auf anderen Planeten völlig anders aussieht?
Vielleicht ist das Lebenslabor Erde buchstäblich universell. Die Gesetze der
Physik und die chemischen Elemente sind es. Warum sollte das Leben selbst da
eine Ausnahme sein?

Eine Darstellung des Exoplaneten 55 Cancri e, der seinen Stern ganz nahe in gebundener Rotation umkreist. Daher ist die gesamte dem Stern zugewandte Seite vermutlich ein einziger brodelnder Lavabrei.

ANDERES LEBEN ALS UNSERES | Sehen wir uns zwei andere Wege an, wie sich Leben entwickeln könnte.

Es könnte aus Molekülen mit anderen Atomen statt Kohlenstoff bestehen. Ein Beispiel, das auch unter Science-Fiction-Autoren beliebt ist, wäre Leben auf Siliziumbasis.

Silizium ist ein reizvoller Kohlenstoffersatz. Seine Elektronenstruktur gleicht der des Kohlenstoffs und es ist im Periodensystem direkt darunter eingeordnet. Es kann sich ebenso mit vier anderen Atomen verbinden, was für den Bau komplexer Moleküle wie DNA vorteilhaft ist. Doch Silizium neigt zu stärkeren Bindungen als Kohlenstoff, was komplexe Moleküle unwahrscheinlich macht – und damit komplexes Leben. Die zweite Möglichkeit für die Entstehung einer anderen Lebensform bestünde aus einer anderen flüssigen Umwelt als Wasser. Wir kennen eine Welt mit Seen in unserem Sonnensystem, die nicht aus Wasser bestehen: den größten Saturnmond Titan. Seine Pole sind bei Temperaturen von minus 180 °C großteils von Tümpeln aus flüssigem Methan und Ethan bedeckt. Zum Vergleich: Die tiefste Temperatur, die jemals auf der Erde – in der Antarktis – gemessen wurde, war minus 89 °C.

Es wäre unverzeihlich egozentrisch anzunehmen, die Erde wäre der einzige Ort im beobachtbaren Universum mit Leben – unter den 100 Milliarden Galaxien mit jeweils 100 Milliarden Sternen, umkreist von 100 Milliarden Planeten.

Außerdem: Wie schrecklich einsam wäre es, wenn das stimmen würde.

Das andere Extrem wäre ein Exoplanet mit einer Welt aus Lava, in der Leben im brodelnden Brei gedeiht. Wir wissen einfach nicht, welche komplexen chemischen Reaktionen bei diesen Temperaturen ablaufen. Vielleicht wartet dort eine überraschende Entdeckung auf uns.

VÖLLIG ANDERES LEBEN ALS UNSERES | Bisher betrachteten wir nur Leben, das auf chemischen Reaktionen beruht – nennen wir es Chemofixiertheit. Fantasievolle Wissenschaftler spekulieren über völlig neue Formen komplexer Strukturen, etwa ein Zusammenspiel elektrischer und magnetischer Felder oder elektrostatische Kräfte zwischen den Staubkörnern in interstellaren Wolken. Wie solches Leben aussehen könnte, ob wir es überhaupt wahrnehmen würden, entzieht sich allen, außer den aufgeschlossensten Denkern.

Das unglaubliche Spektrum möglicher Lebensformen auf den zahllosen Exoplaneten im Universum liefert ein starkes Argument dafür, dass Leben, sei es intelligent oder nicht, keineswegs nur auf der Erde vorkommt, sondern auch woanders entstanden sein könnte.

Selbst wenn die Lebensformen der Erde das Ergebnis einer unfassbar seltenen Kette von Ereignissen sind.

MERKWÜRDIGE IDEEN

Wir Menschen mögen den Gedanken nicht, allein zu sein. Schon seit ewigen Zeiten bevölkern wir den Himmel mit Wesen, seien es Götter, Dämonen oder außerirdische Besucher. Unsere Vorstellungskraft kennt da keine Grenzen. Erst im vorigen Jahrhundert entwickelten wir die Technologie, die es der Wissenschaft ermöglicht, unsere Ideen von anderem Leben zu verfolgen. Im 18. Jahrhundert glaubten einige Astronomen, dass es auf der Sonne Leben auf Kohlenstoffbasis gibt, natürlich nicht auf der heißen Oberfläche, aber auf dem im Inneren vermuteten festen Kern.

Im Roman von H. G. Wells von 1901 und seiner Verfilmung von 1964 treffen Menschen auf dem Mond auf die insektenartigen Seleniten.

WAS SAH LOWELL TATSÄCHLICH?

Natürlich wissen wir, dass es auf dem Mars keine Kanäle gibt. Heute wird vermutet, dass Lowell mit seinen Teleskopen an die Grenze ihrer Leistungsfähigkeit ging. Dabei können in ihrem Sichtfeld zufällige Punkte entstehen. Diese Punkte verband Lowell womöglich zu seinem Kanalnetzwerk, so wie Menschen zufällige Muster im Rorschachtest zu einem Bild verbinden.

Lowells Zeichnung von Marskanälen, 1905

Manche meinten sogar, wenn man Teleskope richtig einstellen würde, könnte man durch die Sonnenflecken hindurch bewohnte Dörfer sehen. Das war noch zu Zeiten, bevor sich in der Physik die Erkenntnisse der Thermodynamik breitmachten, die uns sagen, dass die Hitze der brodelnden Hülle jedes Dorf im Inneren verdampfen ließe.

Mit der Zeit verlor die Sonne ihren Glanz als potenzielle Heimat von Leben, dafür kamen andere Ideen auf. Der englische Pastor Thomas Dick publizierte zum Beispiel 1837 ein Buch mit dem Titel *Himmelslandschaften oder die Wunder des Planetensystems, die Gottes Perfektion und eine Vielzahl von Welten illustrieren*. Darin erklärte er, dass wir auf den Ringen des Saturn Menschen finden würden.

Anfang des 20. Jahrhunderts standen Mond, Mars und Venus im Verdacht, Lebewesen zu beherbergen. So schrieb H. G. Wells vor *Der Krieg der Welten* 1901 eine Geschichte über zwei Engländer, die zum Mond reisen und dort frische Luft vorfinden sowie die Mondbewohner der Seleniten. Solche Vorstellungen erhielten einen Hauch von Seriosität, als der bekannte amerikanische Astronom Percival Lowell begann, seine Beobachtungen des Mars zu veröffentlichen, den er für die Heimat einer sterbenden Zivilisation hielt, mit einem Netzwerk von Wasserkanälen von den Polen bis zum Äquator – eine der vielen Ideen über Leben auf dem Mars. Heute wissen wir, die besten Chancen, Leben (am ehesten mikrobisches) zu finden, bieten die Ozeane der Monde der äußeren Planeten, wie Europa. Und noch besteht ein Funken Hoffnung, im Aquifer des Mars darauf zu stoßen.

DAS SINGULÄRE VORBILD

Wissenschaftler, die das Leben erforschen, arbeiten mit einem einzigartigen Handicap. Nach außen hin rühmen wir die Biodiversität der Erde, doch unter der Hand jammern wir, dass sie auf einen einzigen Ursprung zurückzuführen ist.

Das Sonnensystem weist mehr als 100 kugelige Objekte auf, die man mit der Erde vergleichen kann. Unter den zahlreichen Daten ist die Erde nur ein Beispiel für einen Planeten. (Übrigens gibt es deshalb inzwischen so wenige Institute für Geologie an unseren Universitäten; sie wurden zu Instituten für Planetologie.) Biologen kennen solchen Luxus nicht. Jedes Leben auf diesem Planeten funktioniert mit derselben Chemie und wird von DNA-Molekülen gesteuert, was stark darauf hindeutet, dass wir alle von einer einzigen Urzelle abstammen, die vor Milliarden von Jahren in einem Ozean auftauchte.

Die Aufnahme des Mars Reconnaissance Orbiter der NASA zeigt die Oberfläche des Mars. Man sieht Rinnen und Flussbetten, was auf Wasser und vielleicht – vor langer Zeit – auf Leben auf dem Roten Planeten hindeutet.

8 141 963 826 080   So viele Menschen, glaubte Thomas
Dick, leben auf den Ringen des Saturn.

Warum ist das wichtig? Stellen Sie sich vor, Sie hätten bisher als einzigen Wasserbewohner einen Goldfisch gesehen. Dann nehmen Sie natürlich an, Wasserbewohner sind orange Wirbeltiere, lieben Süßwasser und fressen Pflanzen und Insekten. Aber dann gehen Sie an einen Strand am Meer und sehen einen Weißen Hai, eine Qualle und später eine Krabbe. Sie müssten alles überdenken, was Sie über Wasserbewohner zu wissen glaubten, und die Fächer Meeres- und Süßwasserbiologie würden entstehen.

Das Allen Telescope Array des SETI-Instituts in Kalifornien durchsucht den Himmel nach Zeichen von Intelligenz von außerhalb unseres Sonnensystems.

Manchmal frage ich mich, ob das gesamte Universum nichts weiter ist als eine Schnee-
kugel auf dem Kaminsims eines Außerirdischen.

Wie würden sich unsere Vorstellungen von Leben ändern, wenn wir dort draußen andere Lebensformen entdeckten?

Alles Leben auf der Erde beruht auf Kohlenstoffbindungen in einer Umwelt aus flüssigem Wasser. Wie wir in diesem Kapitel sehen werden, setzt darum fast alles Denken über außerirdisches Leben voraus, dass alles, was immer wir dort draußen finden, diese Eigenschaft teilt. Die Goldfischsicht auf das Leben.

Sich fremde Lebensformen vorzustellen ist so, wie sich einen Goldfisch vorzustellen, ohne je einen anderen Wasserbewohner gesehen zu haben. Man hat eine Idee davon, wie Tiere im Wasser leben, aber um Garnelen, Korallen oder einen riesigen Wal zu suchen, bräuchte es weitere Informationen, Zeit und vor allem Vorstellungskraft. Durch das Fehlen von Informationen entsteht eine Art Voreingenommenheit oder Fixiertheit.

Hier folgen einige Stereotype, die wir aufgeben müssten (oder nicht), falls wir anderswo Leben entdecken:

■ **Kohlenstoff-Fixiertheit** I Muss Leben auf Kohlenstoffatomen beruhen? Sowohl Sciene-Fiction-Autoren als auch seriöse Wissenschaftler können sich Leben auf Basis von Silizium vorstellen.

EINE FRAGE DER PERSPEKTIVE

Wäre die Erde ein herkömmlicher Globus, wäre der Mond zehn Meter entfernt, der Mars gut 1,5 Kilometer und der nächste Stern über 800 000 Kilometer. Wenn Aliens in unserer Galaxie solche Distanzen überwinden können, dann sind sie viel klüger als wir. Würden sie sich die Zeit nehmen, kurz »Hallo!« zu sagen? Könnten wir es wahrnehmen? Kann ein Wurm unseren Gruß wahrnehmen?

■ **Wasser-Fixiertheit** ❙ Kann nur Wasser die Prozesse ermöglichen, die zu Leben führen? Ammoniak und flüssiges Methan sind einige weitere mögliche Flüssigkeiten. Chemiker schlugen auch schon Schwefelwasserstoff vor, das Molekül, das bei Thermalquellen den Geruch fauler Eier verbreitet.

■ **Oberflächen-Fixiertheit** ❙ Kann sich Leben nur auf der Oberfläche eines Planeten entwickeln? An vielen Orten im Sonnensystem befindet sich das meiste flüssige Wasser in unterirdischen Ozeanen, wie auf den Monden von Jupiter und Saturn. Oder kann sich Leben womöglich auch in der Atmosphäre der planetarischen Gasriesen entwickeln?

■ **Sternen-Fixiertheit** ❙ Kann sich Leben nur auf Planeten entwickeln, die Sterne umkreisen? Berechnungen zeigen, dass mehr Planeten alleine durch die Milchstraße vagabundieren. Könnte sich Leben ohne stellare Energiequelle entwickeln? Könnte innere, durch Radioaktivität erzeugte Hitze die Sonne ersetzen?

■ **Chemie-Fixiertheit** ❙ Muss Leben auf chemischen Prozessen beruhen? Wenn Leben Energieflüsse erfordert, dann könnten interagierende elektrische und magnetische Felder eine Komplexität erreichen, die normalerweise mit lebenden Systemen verbunden wird.

Seit 2012 erkundet der NASA-Rover Curiosity den Mars und fand die grundlegenden Elemente der organischen Chemie. Vor etwa drei Milliarden Jahren könnte es also Leben auf dem Planeten gegeben haben.

Die Oberfläche der jungen Erde war vulkanisch und leblos. Sie wurde oft von Meteoriten getroffen, die die Grundzutaten des Lebens von anderswo im Sonnensystem mitbrachten.

Diese Fixiertheiten eine nach der anderen infrage zu stellen, eröffnet neue und zunehmend unwahrscheinlichere Möglichkeiten für Leben. An welcher Stelle steigen Sie aus?

DIE SUCHE NACH INTELLIGENZ

Wenn man ein großes Suchprogramm vorbereitet, ist es hilfreich zu wissen, wonach man genau sucht. Viele setzen die Suche nach extraterrestrischer Intelligenz (SETI) mit der nach außerirdischem Leben gleich. Fangen wir daher mit einem Gedankenexperiment an.

> Wäre die kosmische Geschichte ein Footballfeld, so wäre die Zeitspanne
> vom Höhlenmenschen bis heute ein Grashalm in der Endzone.

Was hätte ein Alien auf unserem Planeten zu verschiedenen Zeiten seiner Geschichte gesehen?

Die erste halbe Milliarde Jahre war die Erde ein heißer Ball ohne Luft, der im Weltraum schwebte, ohne Leben, geschweige denn Intelligenz.

Die nächsten paar Milliarden Jahre war die Erde ein schaumiger grüner Teich mit relativ einfachen Mikroben, die in den Ozeanen trieben und ihre Energie aus dem Sonnenlicht bezogen. In dieser Welt gab es Leben, aber offensichtlich nicht das, was wir Intelligenz nennen würden.

In den letzten paar Hundert Millionen Jahren hätte unser Besucher irgendwann komplexere Lebensformen gefunden. Wann so etwas wie Intelligenz entstand, hängt davon ab, was man als intelligent ansieht. Würmer? Dinosaurier? Primaten? Hauskatzen?

Aber verlieren wir uns nicht in Debatten über die Definition von Intelligenz, sondern vergleichen wir unsere Suche nach Leben auf Exoplaneten damit, wie wir nach Intelligenz suchen.

Wir suchen vor allem mithilfe der Spektroskopie nach dem, was Astrobiologen Biosignaturen nennen, also nach Molekülen in der Atmosphäre der Planeten, die lebende Organismen produzieren. Dazu gehören Sauerstoff aus der Fotosynthese und Methan, das anaerobe Mikroben produzieren. Doch dabei gibt es ein Problem: Diese Moleküle

Stromatolithen – Felsgebilde wie diese in Australien, die durch die Sekrete primitiver Mikroben entstanden – sind heute selten, waren aber vor etwa 3,5 Milliarden Jahren die vorherrschende Lebensform auf der Erde.

entstehen auch durch normale chemische und mineralogische Prozesse. Wir wissen zum Beispiel, dass UV-Licht der Sonne Wassermoleküle in der Atmosphäre aufbrechen kann und dadurch ohne Leben Sauerstoff entsteht.

Um im Universum Intelligenz zu finden, suchen wir heute nur nach unnatürlichen elektromagnetischen Signalen von Exoplaneten. Doch damit definieren wir Intelligenz als die Fähigkeit zum Bau von Radioteleskopen. Und somit wäre die Geschichte der Menschheit, vom *Homo habilis* vor zwei Millionen Jahren bis zum 19. Jahrhundert, für außerirdische Beobachter unsichtbar gewesen – würden sie unsere Definition verwenden. Vielzellig oder komplex, das Leben tauchte vor 550 Millionen Jahren auf. Aber Intelligenz, definiert als Fähigkeit zum Versenden von Radiosignalen, käme so nur in etwa 0,00002 Prozent der Geschichte des komplexen Lebens auf der Erde vor. Ist es daher fair, mit unseren begrenzten Daten anzunehmen, dass es jenseits der Erde kein intelligentes Leben gibt?

Während eine Flotte von Raumsonden den Mars umkreist und Rover auf seiner Oberfläche Daten sammeln, diskutieren Wissenschaftler darüber, ob es mikrobielles Leben auf dem Planeten gibt oder nicht. Mit anderen Worten: Wir könnten durchaus in einer Galaxie voller grüner Schaumplaneten leben, vielleicht mit ein paar Dinosaurierplaneten dazwischen, von denen uns kein einziger Funksignale sendet, oder zumindest keine Signale, die wir erkennen können.

DIE DRAKE-GLEICHUNG

Der amerikanische Astronom Frank Drake formulierte seine berühmte Gleichung Anfang der 1960er-Jahre. Seitdem beherrscht sie die Diskussion über die Suche nach außerirdischer Intelligenz. Die Gleichung macht es möglich, die Anzahl der technisch fortgeschrittenen Zivilisationen abzuschätzen, die mit uns gerade zu kommunizieren versuchen:

$$N = R f_p \, n_e f_l f_i f_c \, L$$

Die Symbole stehen für Folgendes:
- N = Zahl der außerirdischen Zivilisationen, die gerade versuchen, mit uns zu kommunizieren
- R = Rate der neu entstehenden Sterne pro Jahr
- f_p = Anteil der Sterne mit Planeten
- n_e = Anteil der erdähnlichen Planeten in einem Planetensystem
- f_l = Anteil dieser Planeten, die Leben entwickeln werden
- f_i = Anteil der Planeten mit Leben, auf denen sich Intelligenz entwickelt
- f_c = Anteil der Planeten mit technologischen Zivilisationen, die Signale senden können
- L = Länge der Zeit, in der Signale gesendet werden

Anmerkung für HOLLYWOOD:

Es gibt keinen Grund zu glauben, Aliens hätten dieselben Sinne – Sehen, Hören, Schmecken, Fühlen, Riechen – wie Menschen. Sie könnten mehr Sinne haben als wir. Oder ihre Sinne unterscheiden sich völlig von unseren.

Betrachten wir die Gleichung von links nach rechts: Die ersten drei Terme betreffen solide Astrophysik, die nächsten drei die Evolutionsbiologie. Sie werden nach rechts zunehmend diffuser. Dem letzten Term eine Zahl zuzuweisen würde Ergebnisse aus einem Feld erfordern, das wir Exosoziologie nennen könnten – oder die Forschung zu Interaktionen zwischen Erdlingen und einer außerirdischen Zivilisation. Die Unsicherheiten der letzten Hälfte der Gleichung führen zur Differenz zwischen der Vorhersage $N = 1$ – es gibt nur eine entwickelte Zivilisation, wir sind in der Galaxie allein – bis zu $N =$ Millionen, das heißt, es gibt einen Galaktischen Klub, dem wir beitreten können. Die populären Medien setzen natürlich auf Letzteres, was zu Barszenen wie in *Star Wars* führt, in der Dutzende menschenähnliche Außerirdische gemeinsam an intergalaktischen Getränken nippen und Jazzmusik lauschen.

Setzen wir mal ein paar Zahlen in die Gleichung ein, um zu sehen, welche Ergebnisse wir erhalten. Pro Jahr entstehen etwa zehn Sterne

Die kosmische Bar in *Star Wars* ist ein gutes Beispiel für Exosoziologie: Dort treffen sich intelligente Lebensformen aus der ganzen Galaxie.

in der Galaxie, die Sternentstehungsrate wäre somit R = 10. Planeten finden wir überall, nehmen wir also an, mindestens die Hälfte der Sterne hat Planeten: f_p = 0,5. Was die Erdähnlichkeit betrifft: Unser Sonnensystem besitzt etwa 100 Planeten, große Monde und große Asteroiden, von denen nur einer (Erde) der Erde gleicht. Nehmen wir das als typisch an und setzen n_e = 0,01.

Sobald die Umwelt entsprechend war, blühte das Leben auf der Erde schnell auf. Setzen wir damit f_l = 1 und mangels anderer Belege auch f_i = 1. Dass Technologie vielleicht unvermeidlich ist, diskutieren wir später, doch nehmen wir das Ergebnis vorweg und setzen: f_c = 0,1.

Zuletzt kommen wir zum nebulösesten Aspekt der Gleichung: Wie lange wird eine Zivilisation senden? Früher wählten Physiker hier einen geologischen Zeitmaßstab und setzten für L Millionen von Jahren ein, woraus der Galaktische Klub entstand. Andererseits fing die Menschheit erst um 1900 an, Radiowellen zu senden, und ersetzt diese nun durch Kabel und Satellitenkommunikation. Unsere Signale werden bald nicht mehr in den Weltraum entweichen. Für uns wird L daher vermutlich etwa 200 Jahre betragen.

Je nach Wert, den man für L wählt, der kaum von unserer Zivilisation ableitbar ist, erhält man daher alles von N = 1 bis N = Millionen. Das ist also eine weitere Möglichkeit, unser Unwissen über unseren Platz im Universum auszudrücken.

IST TECHNOLOGIE UNUMGÄNGLICH?

Die Geschichte des Lebens auf der Erde ist die einer zunehmenden Komplexität, von den Mikroben über Vielzeller bis zur Entwicklung von Technologie. Aber ist diese Entwicklung zwangsläufig so? Muss Leben immer zu Intelligenz führen? Und Intelligenz immer zu Technologie?

Zumindest haben wir bisher gelernt, dass es dort draußen unzählige Welten gibt – so unterschiedlich, dass vermutlich jede Welt existiert, die Sie sich vorstellen können. Welten aus Lavameeren? Vermutlich. Massive Diamantenplaneten? Warum nicht? Schaumplaneten, eventuell mit einer raumfahrenden Spezies? Nun, den Schaumplaneten Erde bewohnten Milliarden Jahre lang Einzeller. Den Anfang vielzelligen Lebens vor 550 Millionen Jahren ermöglichten starke Umweltveränderungen: Die Gletscher schmolzen und der Sauerstoffgehalt der Atmosphäre stieg. Auf einem Planeten ohne solche extremen Umwälzungen hätte der grüne Schaum womöglich nie zu intelligentem Leben geführt und schäumte noch heute.

Es ist leicht zu erkennen, dass Merkmale von Intelligenz in der Evolution komplexer Lebensformen vorteilhaft sind – etwa zu wissen, wo man Nahrung findet und wie man Raubtiere meidet. Aber führt das unbedingt zu Technologie? Die Geschichte des Lebens auf unserem Planeten gibt uns eine Antwort.

DAS WOW!-SIGNAL

Am 15. August 1977 empfing Big Ear, das Radioteleskop der Ohio State University, ein Signal, dessen Ursprung ein Rätsel bleibt. Es war ein starkes Signal, ganze 72 Sekunden lang. Dann hatte die Erdrotation das Teleskop so weit gedreht, dass es die Quelle des Signals verlor. Als der Astrophysiker Jerry Ehman einige Tage später einen Ausdruck der Daten durchging, fand er die Aufzeichnung des Signals. Es war so einzigartig und entsprach so sehr dem, was wir als außerirdisches Signal erwarten, dass er daneben in Rot »Wow!« auf das Papier schrieb, was dem Signal den Namen gab.

Seitdem sind mehr als 40 Jahre vergangen, und trotz wiederholter Suche wurde es nie wieder empfangen. Größere Radioteleskope, die 1977 in Betrieb waren, hatten es nicht entdeckt, auch einige Detektoren von Big Ear selbst nicht. Als mögliche Erklärungen wurden vorgeschlagen: Es war ein Signal von der Erde, das an Weltraummüll reflektierte, oder es war die Strahlung eines kurz zuvor entdeckten Kometen. Aber keine dieser Erklärungen setzte sich durch.

Hat jemand Lust auf Außerirdische? Am besten folgen wir dem Rat von Jerry Ehman, der 20 Jahre später davor warnte, »große Schlussfolgerungen aus halb garen Daten« zu ziehen.

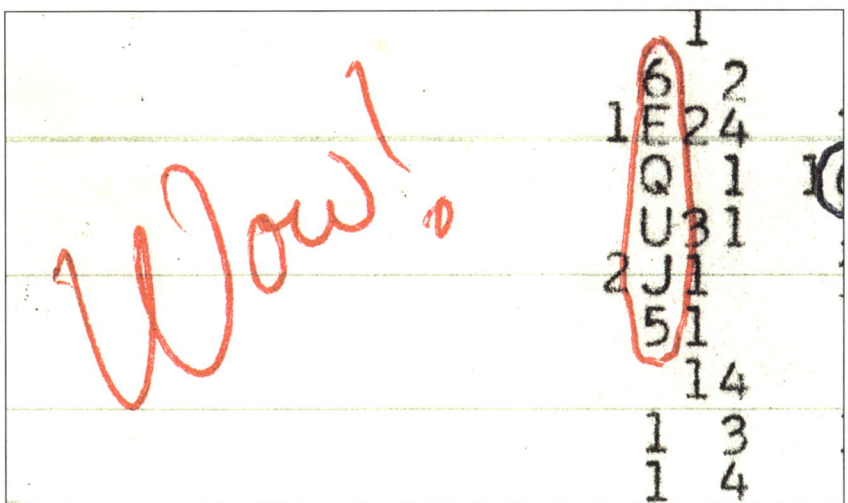

1977 wurde ein Radiosignal aufgezeichnet, das sofort an außerirdische Intelligenz denken ließ. Es wurde aber danach nie wieder empfangen.

Über 200 Millionen Jahre dominierten die Dinosaurier die Erde. In ihrer Welt waren die größten evolutionären Vorteile Merkmale wie Größe und Geschwindigkeit. *Tyrannosaurus rex* benötigte keine Werkzeuge, um erfolgreich zu sein, daher tauchten keine auf. Erst vor etwa zwei Millionen Jahren schlug unser Vorfahre *Homo habilis* den Weg zur Technologie ein und fertigte aus Steinen Hilfsmittel an. Wären die Dinosaurier nicht durch einen Asteroideneinschlag ausgestorben, wären die Säugetiere (und damit der Mensch) vermutlich nie zur dominanten Lebensform geworden und die Erde wäre ein Dinosaurierplanet geblieben – vielleicht mit intelligentem Leben, je nach Definition, aber ohne Technologie.

SETI: SUCHE NACH EXTRATERRESTRISCHER INTELLIGENZ

Das am meisten romantisierte Ziel eines jeden Weltraumprogramms – und immer wieder Thema von Filmen und Romanen – ist die Suche nach technologisch fortgeschrittenen Zivilisationen, mit denen wir Kontakt aufnehmen könnten. Das Forschen nach solchen Zivilisationen ist das Programm von SETI, Suche nach extraterrestrischer Intelligenz.

SETI begann 1959 mit einem Artikel im angesehenen britischen Wissenschaftsmagazin *Nature,* der anmerkte, dass wir mit den immer besseren Radioteleskopen Signale empfangen könnten, wenn dort draußen jemand solche senden würde. Wenn das Telefon klingelt, könnten wir es nun abnehmen. Dieser Artikel führte zur Konferenz, bei der die Drake-Gleichung vorgestellt wurde und der die lange Suche nach solchen Signalen folgte.

Zwei Fragen fassen die Probleme der SETI-Forscher zusammen: Wo suchen wir? Und was suchen wir?

Die »Wo«-Frage ist relativ einfach zu beantworten. Wir sollten nach Signalen von Planeten in unserer Nachbarschaft suchen, die um sonnenähnliche Sterne kreisen. Die »Was«-Frage ist schwieriger, denn die Zahl der Frequenzen, die eine fremde Zivilisation benutzen könnte, ist riesig. Der Artikel in *Nature* schlug zum Beispiel vor, dass

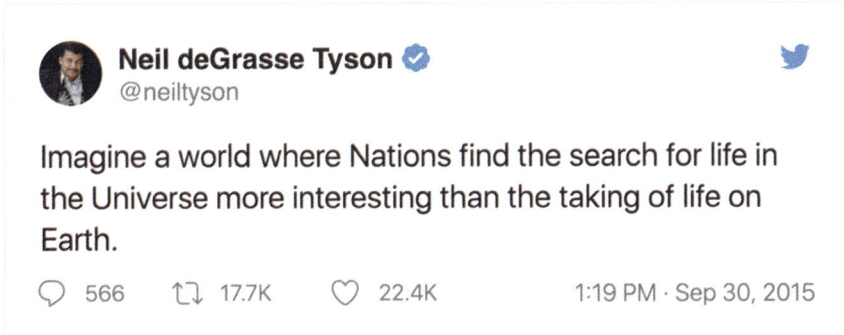

Neil deGrasse Tyson
@neiltyson

Imagine a world where Nations find the search for life in the Universe more interesting than the taking of life on Earth.

566   17.7K   22.4K   1:19 PM · Sep 30, 2015

Stellen Sie sich eine Welt vor, in der den Staaten die Suche nach Leben im Universum wichtiger wäre, als Leben auf der Erde zu zerstören.

die Signale auf einer Mikrowellenfrequenz gesendet werden, die einem bestimmten Phänomen in Wasserstoffmolekülen entspricht, da dies die häufigste Strahlung des häufigsten Elements im Universum ist. Mit den Jahren wurden auch andere Frequenzen in Erwägung gezogen, die jedoch alle auf ein wenig mysteriösen Ideen beruhten, wie Außerirdische das Universum sehen könnten. Am Ende setzte das wichtigste SETI-Programm darauf, den ganzen Himmel umfassend nach Radiofrequenzen abzusuchen.

Der unersättliche Hunger nach Rechenleistung für diese Aufgabe veranlasste Astrophysiker der University of California in Berkeley Ende der 1990er-Jahre, ein Programm mit dem Namen SETI@home zu starten. Damit konnten alle Menschen zu »Bürgerwissenschaftlern« werden und mit ihren eigenen Computern SETI-Daten analysieren. Das Projekt läuft noch immer. Das Team in Berkeley verschickt dazu Datenpakete, die auf den PCs zu Hause analysiert werden, wenn die gerade Leerlauf haben.

Trotz Millionen solcher Hilfsrechner und vieler Teleskope, die über die Jahre eingesetzt wurden, tauchte kein Beleg für die Existenz einer technologisch fortgeschrittenen Zivilisation in der Milchstraße auf. Aber die Suche muss weitergehen. SETI ist eines der wenigen Wissenschaftsprojekte, dessen Ergebnis bedeutsam wäre, egal wie es ausgeht. Jill Tarter, ein emeritierter Vorstand des SETI-Instituts, formulierte es

Die Illustration des TRAPPIST-1-Systems, in dem erdähnliche Planeten einen ultrakalten Zwergstern (ganz links) umkreisen. Es sind 40 Lichtjahre entfernte Kandidaten für Leben.

so: »Nehmen Sie die Menge an Raum, Frequenzen und Zeit, die wir durchsuchen müssen, um außerirdische Intelligenz zu finden, und vergleichen Sie es mit dem Volumen der Meere der Erde. Wie viel wurde in den letzten 50 Jahren durchsucht? Ein 0,33-Liter-Glas. Wenn Sie ein Glas Wasser aus dem Meer schöpfen und keinen Fisch sehen, können Sie dann behaupten, dass es keine Fische im Meer gibt? Das wäre sträflich kurzsichtig.«

DIE KONTINUIERLICH HABITABLE ZONE

Wäre die Erde etwas näher an der Sonne, hätten wir womöglich wie die Venus geendet: als heiße, wasserlose Wüste. Wäre die Erde etwas weiter weg, wären wir heute womöglich gefroren. So eng ist der Bereich der Orbits um die Sonne, innerhalb dessen Leben auf unserem Planeten möglich wurde. Damit können wir auch die Entfernung zu einem Stern definieren, die es erlaubt, dass auf einem Planeten Meere aus flüssigem Wasser Milliarden von Jahre überdauern können – die Entwicklungszeit für komplexes Leben. Diese Region ist die kontinuierlich habitable Zone (KHZ) eines Sterns, in der die Umwelt für Leben nicht zu heiß und nicht zu kalt ist – man nennt sie auch die Goldlöckchen-Zone.

Jeder Stern hat eine KHZ. Einen kleinen Stern umgibt sie näher als einen großen. Und natürlich gehört noch vieles mehr zur Charakterisierung einer KHZ – etwa die Zusammensetzung der Atmosphäre eines Planeten und seine Schwerkraft, die entscheidet, ob Moleküle in den Weltraum entweichen oder nicht. Doch wie man auch die perfekte KHZ definiert: Mit diesem Konzept suchen wir nicht irgendeine Art von Leben, sondern Leben, wie wir es kennen.

Die Vorstellung hinter der KHZ ist, dass Leben nur in Meeren an der Oberfläche entsteht. Natürlich sind wir deshalb so einäugig, weil sich das irdische Leben genau dort entwickelte. Aber die Oberfläche von Planeten ist nicht der einzige Ort für Meere. Unter der eisigen Hülle von Jupiters Mond Europa befindet sich mehr Wasser als in allen Meeren der Erde. Wenn wir also auf der Suche nach fremdem Leben tatsächlich dem Wasser folgen wollen, sollten wir auch die unterirdischen Meere in unserem Sonnensystem, die weit außerhalb der KHZ liegen, auf die Liste setzen.

Trotzdem konzentriert sich die Suche nach Leben und entwickelten Zivilisationen im Universum auf erdgroße Exoplaneten innerhalb der habitablen Zone ihrer Sterne. Eine Zeit lang verkündeten die Medien nach jeder Entdeckung eines solchen Planeten, ein möglicher Ort für Leben sei gefunden. Die Zeitungen der Welt rasteten 2016 förmlich aus, als Astronomen erklärten, dass den Stern Trappist-1 sieben erdgroße Planeten umkreisen, von denen drei in der KHZ liegen.

Die KHZ ist sicher ein guter Ort, um nach Leben wie unserem zu suchen – also Leben, das auf Molekülen mit Kohlenstoff und flüssigem Wasser beruht. Doch falls wir an unseren Fixiertheiten bei der Suche nach Leben festhalten, besteht die Gefahr, dass wir für andere Lebensformen blind sind.

Enrico Fermi sitzt 1951 vor der Steuerung des Synchro-Zyklotrons, einem der ersten Teilchenbeschleuniger.

DAS FERMI-PARADOXON

1950 ging der Physiker Enrico Fermi mit einer Gruppe von Kollegen vom Los Alamos National Laboratory in New Mexico zum Mittagessen. Sie plauderten über die zahllosen UFO-Meldungen in der Umgebung, und natürlich endeten sie bei der Frage, ob es wirklich außerirdische Zivilisationen geben könnte. Später beim Essen stellte Fermi eine einfache Frage, auf die wir noch immer keine Antwort haben: Wo sind sie alle? Um die Bedeutung der Frage zu verstehen, muss man ein bisschen was über Fermi wissen und darüber, wie die Menschen in den 1950er-Jahren das Universum sahen. Fermi war Nobelpreisträger und mit dem Bau des ersten Kernreaktors der Welt beauftragt worden.

Aus Papas Witzkiste ...
F: Wie nennt man unreife junge Außerirdische?
A: Kleine grüne Männchen.

Er war auch dafür bekannt, Antworten auf scheinbar unlösbare Fragen schnell durchkalkulieren zu können, wie etwa: »Wie viele außerirdische Zivilisationen gibt es dort draußen?«

Wir wissen es nicht sicher, aber wir können uns doch ziemlich gut vorstellen, was Fermi durch den Kopf ging, bevor er diese Frage stellte. Ein ganzes Jahrzehnt vor Drakes berühmter Gleichung schätzte Fermi auf die Schnelle die Anzahl der Planeten in der Milchstraße, auf denen sich fortgeschrittenes Leben entwickeln könnte, und wie lange es dauern würde, bis eine Hochkultur die gesamte Galaxie kolonisiert hätte.

An diesem Punkt begriff er, dass 1. es viele außerirdische Zivilisationen geben könnte und dass 2. ein Raumfahrervolk nur wenige 100 000 Jahre benötigen würde – einen astronomischen Wimpernschlag –, um die gesamte Galaxie zu kolonisieren. Diese Kalkulation wirft sofort Fragen auf: Wenn die Galaxie voller Hochkulturen ist, wo sind sie? Warum haben sie uns noch nicht kontaktiert? Und falls die Kolonisierung tatsächlich so schnell geht, warum stehen die Aliens dann noch nicht vor der Tür? Die einfachste Antwort ist: Es gibt sie nicht, nirgendwo. Diese Scherzfrage wurde als Fermi-Paradoxon bekannt. Im Lauf der Jahre erhielten Fermis Frage und die logischen Folgerungen daraus einige verblüffende Antworten. Hier sind die drei besten:

■ **Die Zoo-Hypothese** ǀ Es gibt sie, aber aus irgendeinem Grund haben sie entschieden, nicht in unsere Entwicklung einzugreifen – wie in *Raumschiff Enterprise,* wo die »Oberste Direktive« verbietet, Kontakt mit primitiven Gesellschaften aufzunehmen, um ihre biologische und kulturelle Evolution nicht zu stören. Die Erde wäre damit eine Art Zoo oder Naturreservat.

■ **Die Ungewöhnliche-Erde-Hypothese** ǀ Die Ereigniskette, die auf der Erde zur Evolution von intelligentem Leben führte, ist so selten, dass die Erde die einzige fortgeschrittene Zivilisation der Galaxie beherbergt. Demnach gäbe es keine Außerirdischen, weil sie sich nie entwickelten. Dieses Szenario ist bei Gläubigen beliebt, die die Erde als einzigartigen Ort Gottes sehen.

■ **Das Untergangsszenario** ǀ Um den evolutionären Kampf zu gewinnen, müssen Lebensformen aggressiv sein. Erwirbt ein aggressiver Organismus moderne Wissenschaften und Technologien, kann er sich damit selbst auslöschen. Demnach vernichteten sich die Außerirdischen selbst, bevor sie anfingen zu kommunizieren oder zu kolonisieren.

So ... wo sind sie nun alle? Wir wissen es einfach nicht.

RANGORDNUNG DER ZIVILISATIONEN

Der russische Astrophysiker Nikolai Kardaschow war Teil eines Teams, das 1963 die erste SETI in der Sowjetunion durchführte. Zu seinen Aufgaben gehörte es, Kategorien für Zivilisationen zu finden, die weit fortschrittlicher sind als wir – die Art von Zivilisation, die jeder dort draußen vermutet. Daraus entstand die Kardaschow-Skala.

DIE DYSON-SPHÄRE

Fast alles Leben der Erde hängt von der Energie der Sonne ab, doch die Erde bekommt nur einen Bruchteil des Lichts ab, das die Sonne ausstrahlt. Die meiste Energie der Sonne strahlt in den Weltraum. Das gilt für jeden Stern. Denn wir sehen Sterne nur deshalb, weil ihr Licht ihre Umgebung verlassen hat. Aus dem Blickwinkel einer fortgeschrittenen Zivilisation wird die meiste Energie des Sterns verschwendet.

1960 meinte der amerikanischen Physiker Freeman Dyson, eine wirklich technologisch fortschrittliche Zivilisation würde diese Energiequelle mit großen Sonnenkollektoren anzapfen, die das Licht einfangen, bevor es die Umgebung des Sterns verlässt. Vollständig realisiert hieße das, diese Kollektoren würden den Stern komplett einhüllen. Eine solche Struktur zu bauen, die heute Dyson-Sphäre genannt wird, würde eine wirklich fortgeschrittene Technologie erfordern. Woher aber sollte das Material für solch ein gewaltiges Bauwerk kommen? Man müsste dazu alle natürlichen Ressourcen aller Planeten abbauen.

Manche Wissenschaftler erklären ungewöhnliche Helligkeitsschwankungen von KIC 8462852 (Tabbys Stern) mit einer zum Teil fertiggestellten Dyson-Sphäre. Aber die meisten bevorzugen natürliche Erklärungen.

UNSER PLATZ IN DER KARDASCHOW-SKALA

1 TWh (Terawattstunde, entspricht einer Milliarde Kilowattstunden)
= geschätzte Energieproduktion auf der Erde im Jahr 1890

- **18 TWh** = geschätzte Energieproduktion auf der Erde heute
- **108 TWh** = geschätzte Energieproduktion auf der Erde, um zum Typ 1 der Kardaschow-Skala zu werden

Das heißt, wir müssten unsere Energieproduktion versechsfachen, um zu einem Typ 1 der Kardaschow-Skala aufzusteigen.

In ihrer heutigen Version ordnet die Kardaschow-Skala Zivilisationen nach ihrer Fähigkeit, Energie zu produzieren und zu verbrauchen, und teilt sie in drei Kategorien ein:

- **Typ 1** | Kann Energie erzeugen oder alle auf dem Planeten vorhandene Energie kontrollieren.

- **Typ 2** | Kann Energie erzeugen oder die gesamte Energie ihres Heimatsterns kontrollieren.

- **Typ 3** | Kann Energie erzeugen oder die gesamte Energie aller Sterne ihrer Galaxie kontrollieren.

Nach diesem System haben wir Menschen noch nicht einmal Typ 1 erreicht. Eine Abschätzung ordnet uns heute auf dieser Skala irgendwo nahe 1 ein. Es wurden jedoch Fortschritte erzielt. Nach einigen Berechnungen standen wir zum Beispiel bei 0,1, als *Homo habilis* vor einigen Millionen Jahren mit Steinwerkzeugen anfing. Es geht also definitiv aufwärts.

Einige Futuristen meinen, wir könnten in ein paar Hundert Jahren den Typ-1-Status erreichen. Das würde sicherlich die Energieerzeugung durch Kernfusion beinhalten, die wir noch nicht beherrschen.

Eine Typ-2-Zivilisation kennt die Raumfahrt und könnte eine Dyson-Sphäre bauen, die die gesamte vom Stern abgestrahlte Energie einfängt, sie auf den Planeten überträgt und so den hohen Energiebedarf einer Typ-2-Zivilisation stillt. Das liegt für uns Tausende von Jahren in der Zukunft, bestenfalls. Sich eine Typ-3-Zivilisation vorzustellen ist schwierig. Sie besäße eine Galaxie voller Dyson-Sphären um alle Sterne oder eine Dyson-Sphäre um die gesamte Galaxie.

Aber: Falls Typ-2- oder Typ-3-Zivilisationen existieren, würden ihre hypothetischen Dyson-Sphären nicht alle Signale blockieren, die wir empfangen könnten?

Mit der Entdeckung neuer Exoplaneten entwerfen Künstler aus Fakten und Vorstellung immer neue Landschaften in der Galaxie, wie diesen fantasievollen Eismond, der einen 140 Lichtjahre entfernten Gasgiganten umkreist.

WIE FING ALLE

$$\bar{E} \approx \frac{Q}{4\pi\varepsilon r^3}\left(\frac{3\vec{r}\cdot\vec{r}}{r^2} - \vec{r}\right)$$

$$k = (1+t)\sqrt{\frac{r}{r_0}}$$

S AN?

Beobachtungen, Berechnungen
und Visualisierungen gehen der Frage nach,
wie alles begann.

Der interessanteste Teil der Geschichte des Universums fand in der ersten Tausendstelsekunde statt. Um so weit zurückzugehen und den Ursprung des Universums zu verstehen, müssen wir die zwei scheinbar widersprüchlichen Wissenschaftszweige Kosmologie und Teilchenphysik zusammenführen – eine kuriose Begegnung von der Erforschung des Größten, das wir kennen, und des Kleinsten, das wir kennen.

Fast 14 Milliarden Jahre lang dehnte sich unser Kosmos aus und kühlte ab. In seinem frühen Leben war er kleiner und heißer und seine Bestandteile kollidierten wesentlich heftiger miteinander, als sie es in unserer relativ kühlen Zeit tun. Komplexe Strukturen wie Moleküle, Atome und sogar Elementarteilchen hielten diesen Kollisionen nicht stand, das schafften nur kleinere, einfachere Teilchen. Die Frühgeschichte des Universums ist die Evolution dieser Teilchen.

Über einen dieser evolutionären Meilensteine haben wir schon gesprochen. Etwa 380 000 Jahre nach dem Urknall war das Universum

Eine Computersimulation mit einem Superhaufen von Galaxien im Zentrum zeigt die großräumige faserige Struktur des Universums.

kühl genug, damit Atome die Kollisionen überstanden. Bis zu diesem Zeitpunkt war die normale Materie ein Plasma, mit ungebundenen negativ geladenen Elektronen und positiv geladenen Kernen, die frei herumwanderten, elektromagnetische Strahlung absorbierten und wieder abgaben. Die Bildung der Atome neutralisierte das Plasma, räumte auf und setzte Strahlung frei, die schließlich zum kosmischen Mikrowellenhintergrund wurde.

Zur selben Zeit fiel die normale Materie in die Gravitationstrichter der Dunklen Materie. Die Entstehung von Galaxien, Sternen und menschlicher Intelligenz schloss sich an.

Die Evolution des expandierenden Universums auf einen Blick: vom Urknall (ganz links), über die Bildung der Atome, dann der Sterne und Galaxien bis zuletzt zu deren Tod.

Spulen wir den Film weiter zurück, dann sehen wir nur drei Minuten nach dem Urknall einen ähnlichen Übergang: Das Universum war kühl genug, damit die Kerne der Atome überlebten. Zuvor existierte Materie in Form einzelner Protonen und Elektronen. Komplexere Strukturen hatten keinen Bestand. Sogar zu diesem Zeitpunkt aber hatte Materie eine bekannte Form, bestand aus denselben Teilchen, die wir heute kennen. Und die Kräfte, die in diesem frühen Kapitel des Universums vorherrschten, waren dieselben, die heute wirken. Um uns von dieser Vertrautheit zu verabschieden, müssen wir noch weiter in der Zeit zurückgehen – als das Universum keine Tausendstelsekunde alt war.

SO SIND DIE DINGE

Wenn wir darüber reden, wie das Universum wurde, was es heute ist, sollten wir eine klare Vorstellung von seinem Wesen haben. Die normale Materie hat nur wenige Elementarteilchen. Stellen Sie sie sich als Bausteine vor, aus denen das Universum aufgebaut ist. Einige davon bestehen aus Baryonen, wie Proton und Neutron, die man gewöhnlich im Atomkern findet. Sie bestehen alle aus Quarks. Wie schon erwähnt, kennen wir sechs Quark-Typen, die sich in verschiedenen sogenannten Flavours paaren: Up und Down, Charm und Strange, Bottom und Top.

Es gibt aber noch eine andere Klasse kosmischer Bausteine, die Leptonen. Auch von ihnen kennen wir sechs Arten. Das bekannteste ist das Elektron, zwei weitere sind das Mu und das Tau. Sie gleichen dem Elektron, sind aber schwerer. Zu jedem dieser Teilchen gibt es ein korrespondierendes Neutrino mit null elektrischer Ladung und fast keiner Masse. Diese exotischen Leptonen mögen seltsam erscheinen, werden aber in modernen Teilchenbeschleunigern zuhauf produziert, den Maschinen, die uns erlauben, subatomare Phänomene zu erzeugen, die jenen am Anfang der Zeit entsprechen sollen.

Die Bausteine, aus denen alle normale Materie besteht, sind also sechs Quarks und sechs Leptonen.

Neil deGrasse Tyson ✔
@neiltyson

Scientists are simply adults who retained and nurtured their native curiosity from childhood.

♡ 825   ↻ 13.1K   ♡ 67.3K   12:40 PM - Apr 14, 2018

Wissenschaftler sind einfach Erwachsene, die sich ihre kindliche Neugier erhalten haben.

Sie lesen richtig: Nur zwölf Teilchen bauen das bekannte Universum auf. Wie interagieren diese Teilchen miteinander? Welche Kräfte halten sie zusammen oder reißen sie auseinander? Es sind vier Kräfte, die den Mörtel unseres Universums bilden. Zwei sind uns aus dem Alltag vertraut: Gravitation und Elektromagnetismus. Zwei andere wirken innerhalb der Atomkerne und sind weniger bekannt: die starke und die schwache Wechselwirkung. Wir wollen sie kurz einführen.

Die Chemikerin Marie Skłodowska Curie erforschte die Radioaktivität. Ihre Erkenntnisse halfen, den Zerfall subatomarer Teilchen zu erklären.

SECHS PLUS SECHS IST GLEICH?

Warum gibt es sechs Quarks und sechs Leptonen? Gute Frage. Wenn wir das doch nur wüssten.

Fangen wir mit der starken Wechselwirkung an. Die Protonen im Atomkern besitzen alle die gleiche Ladung und möchten aufgrund der elektromagnetischen Abstoßung auseinanderdrängen – das ist Schulstoff: »Gleiche Ladungen stoßen sich ab.« Aber die Protonen kuscheln alle am selben Ort. Also muss eine Gegenkraft die Abstoßung bändigen und den Kern zusammenhalten: die starke Wechselwirkung. Sie wurde im 20. Jahrhundert eines der zentralen Forschungsobjekte der Physik.

Obwohl die starke Wechselwirkung alles zusammenhält, zerfallen viele Kerne und Elementarteilchen radioaktiv – ein Begriff, den die polnische Chemikerin und zweifache Nobelpreisträgerin Marie Curie prägte. Radioaktiver Zerfall tritt auf, wenn die schwache Wechselwirkung bewirkt, dass der Atomkern durch Strahlung Energie verliert.

Da haben Sie es: sechs Quarks, sechs Leptonen, vier Kräfte – die gab es nach der ersten Tausendstelsekunde des Universums. Doch was geschah davor? Wie sah der Kosmos davor aus, der uns dieses spezielle Universum gab?

EINMALEINS DER QUANTENMECHANIK

Um in der Zeit weiter zurückzureisen, müssen wir auf das Atom selbst eingehen. Diesen seltsamen Ort beschreibt die physikalische Theorie der Quantenmechanik. Quantum ist das lateinische Wort für »Menge« oder »Haufen« und Mechanik der alte Name für die Wissenschaft von der Bewegung. Quantenmechanik ist also die Erforschung der Bewegung von Dingen in Haufen, so wie im Atom. Es ist eine völlig andere Welt als Newtons Mechanik des Alltags. Machen wir also einen kurzen Ausflug in diese Quantenwelt. Für unseren Zweck reißen wir nur einen Aspekt der Quantenmechanik an, die vom deutschen

Neil deGrasse Tyson ✓
@neiltyson

You Matter.

Unless you multiply yourself by the speed of light squared.

Then you Energy.

💬 2.7K   ♻ 66.1K   ♡ 279.4K   4:03 PM - Jan 9, 2020

Du bist Materie. Solange du dich nicht selbst mit Lichtgeschwindigkeit im Quadrat multiplizierst. Dann bist du Energie.

Physiker Werner Heisenberg formulierte heisenbergsche Unschärfe-relation. Eine für uns relevante Version dieses Prinzips besagt: Je präziser man weiß, wie viel Energie ein System hat, desto weniger präzise weiß man, zu welcher Zeit es diese Energie besitzt.

Erinnern Sie sich an das Märchen Aschenputtel? Sie zog sich um, ging so verwandelt zum Ball und keiner merkte etwas, solange sie um Mitternacht zu Hause war. Genauso kann in der Quantenwelt ein zusätzliches Teilchen aus dem Nichts auftauchen – solange es schnell genug wieder verschwindet, wobei die Unschärferelation »schnell genug« definiert. Teilchen, die so erscheinen und verschwinden, werden als virtuell betrachtet.

Ein einsames Proton kann für kurze Zeit sowohl ein Proton als auch ein anderes Teilchen sein, wie Aschenputtel auf dem Ball. Die Masse des Extra-Teilchens ist nur eine andere Form von Energie $(E = mc^2)$, daher kann es sich hinter Heisenbergs Energieunschärfe verstecken. Solange dieses Extra-Teilchen schnell genug wieder verschwindet, werden wir laut der Unschärferelation nie in der Lage sein, den Unter-schied zwischen einem System mit ihm und ohne es zu erkennen.

In den 1930er-Jahren erkannte der japanische Physiker Hideki Yukawa, dass jenes Teilchen, das ein virtuelles Teilchen emittiert, nicht dasselbe sein muss, das es auch absorbiert. Wenn zwei normale Teilchen ein virtuelles Teilchen austauschen, wirkt eine Kraft zwischen ihnen. Stellen Sie sich zwei Schlittschuhfahrer vor.

Schiebt man sie auf dem Eis, geben sie der Kraft nach, die auf sie wirkt, und rutschen in der Richtung des Schubs. Wirft einer von ihnen einen schweren Ball auf den anderen, lässt die freigesetzte Masse den Werfer zurückgleiten, während der Fänger von dessen Wucht nach hinten rutscht.

Das heißt, der Austausch nicht nachweisbarer virtueller Teilchen in der Quantenwelt erzeugt Kräfte. Außerdem bestimmt die Art des ausgetauschten virtuellen Teilchens die Kraft.

Für drei der vier Kräfte können wir die ausgetauschten virtuellen Teilchen tatsächlich identifizieren. Teilchen mit dem Namen Gluonen bewirken die starke Wechselwirkung und lassen die Elementarteilchen zusammenkleben. Die elektromagnetische Kraft kommt von den Photonen und die schwache Wechselwirkung von Teilchen namens Vektorbosonen.

Das sind drei von vier Kräften: stark, elektromagnetisch und schwach. Nur die Gravitation kann heute noch nicht so beschrieben werden. Das bleibt eine der großen Aufgaben der theoretischen Physik.

QUANTENMECHANIK IST KOMPLIZIERT

Der für seine Pionierarbeit in der Quantenmechanik bekannte amerikanische Physiker und Nobelpreisträger Richard Feynman gab einst zu: »Ich kann getrost sagen, dass keiner die Quantenmechanik versteht.« Wenn auch Sie diese Konzepte knifflig finden, sind Sie also in guter Gesellschaft. Doch schon der Versuch, sie zu verstehen, gewährt Einblicke in das Werden des Universums. Und wer will schon mit dem Physiker Victor Weisskopf streiten, der anmerkte: »Nur zwei Dinge machen das Leben lebenswert: Mozart und Quantenmechanik.«

VEREINFACHUNG & VEREINHEITLICHUNG

Das junge Universum war heiß und einfach. Und als es noch jünger war, war es noch heißer und einfacher. Die stark geordnete Struktur der Atome, die sich bildete, als das Universum bereits 380 000 Jahre alt war, war viel komplexer als das gleichförmige Plasmameer aus geladenen Teilchen, aus dem es sich entwickelte. Genauso waren die Kerne, die sich bildeten, als das Universum drei Minuten alt war, weit komplexer als der Wirrwarr der Elementarteilchen, der dem vorausging.

So wie man ein Gebäude in seine Einzelteile zerlegt, kann man die Geschichte des Universums bis zu seinen Fundamenten zurückverfolgen. Doch die Quantenwelt ermöglicht noch eine Vereinfachung, für die es in der Alltagserfahrung nichts Analoges gibt. Sie betrifft die vier Grundkräfte, die wir zuvor als Mörtel des Universums bezeichnet haben: starke und schwache Wechselwirkung, Elektromagnetismus und Gravitation.

Zuerst eine seltsame Frage: Wie viele Kräfte braucht man, um ein Universum zu bauen? Ohne Kräfte würde im Universum nichts passieren, und das wäre eindeutig nicht das Universum, in dem wir leben. Wir brauchen zumindest eine Kraft – und nicht mehr. Im einfachsten möglichen Universum existiert nur eine Kraft. Kommen wir in unserer Zeitreise zurück tatsächlich zu immer größerer Einfachheit, muss es Übergänge geben, die die Zahl der Kräfte bis auf zuletzt eine reduzieren. Wir nennen diese Theorie die Vereinigung der Kräfte, in Einsteins Tagen hieß sie die einheitliche Feldtheorie.

In der Quantenwelt existieren Kräfte, da virtuelle Teilchen zwischen tatsächlichen Teilchen wechseln. Erweitern wir die Analogie von unseren zwei Schlittschuhläufern im vorigen Abschnitt und stellen uns zwei Paare von Eisläufern vor, die an einem kalten Wintertag auf einer Bahn im Freien aufeinander zu gleiten.

Dieses Kunstwerk zeigt den Urknall als Explosion, als Ausbreitung der Materie im Raum. Doch der Urknall war eine Ausdehnung *des* Raums und nicht *im* Raum – schwierig für eine bildliche Darstellung.

In fünf Milliarden Jahren kollidieren Milchstraße und Andromeda-Galaxie. Aber keine Sorge, die Sonne macht aus der Erde lange davor Knäckebrot.

Ein Läufer des einen Paars hat einen Eimer mit Wasser mit Frostschutzmittel, einer des zweiten Paars einen Eimer mit gefrorenem Wasser.

Fahren die Schlittschuhläufer nun aufeinander zu und schütten den Inhalt ihrer Eimer auf ihren jeweiligen Partner, wird einer mit Flüssigkeit begossen und den anderen trifft ein fester Brocken Eis. Wir sehen also zwei verschiedene Phänomene auf der Eisbahn wirken. Wenn wir nun diesen Versuch im Sommer wiederholen, wäre das Eis im Eimer geschmolzen und wir würden ausschließlich den Austausch von Flüssigkeit sehen. Wir könnten also im Winter nur deshalb zwei verschiedene Dinge beobachten, weil die Temperatur niedrig war. Höhere Temperaturen entzaubern die zwei Phänomene als dasselbe.

Analog vereinigt die steigende Temperatur in unserer Zeitreise durch die erste Tausendstelsekunde zurück die Kräfte. Sie beginnen alle, sich auf dieselbe Weise zu verhalten. Tatsächlich waren, je weiter wir in der Zeit zurückgehen, immer weniger verschiedene Kräfte im Universum vorhanden. Und damit sind wir bereit, unsere Reise in das Herz der Schöpfung anzutreten.

QUARK-CONFINEMENT

Das nächste bedeutende Ereignis, dem wir bei unserer Zeitreise zurück begegnen, geschieht bei zehn Mikrosekunden oder 10^{-5} Sekunden nach dem Urknall. Frei umherstreifende Quarks finden Partnerquarks und bilden Teilchen, darunter einige, die wir kennen und lieben.

Es gibt zwei Familien von ihnen: Drei-Quark-Combos bilden Teilchen wie Protonen und Neutronen und Quark-Antiquark-Paare bilden Mesonen.

Auf den ersten Blick sieht das aus wie die – erst viel spätere – Bildung der Kerne und Atome. Es gibt aber einen entscheidenden Unterschied.

Die Kraft zwischen Quarks wird durch den Austausch von Gluonen erzeugt, und diese Kraft unterscheidet sich von den Kräften Elektromagnetismus und Gravitation in einem wichtigen Aspekt: Die Kraft zwischen Quarks wird stärker und nicht schwächer, je weiter sie auseinander sind. Je stärker man ein Gummiband dehnt, desto stärker muss man ziehen, um es weiter zu dehnen. Genauso muss man umso stärker ziehen, also mehr Energie investieren, um sie zu trennen, je weiter Quarks voneinander entfernt sind.

Nun stellen Sie sich vor, Sie greifen in einem Proton nach einem der drei Quarks, um es herauszuziehen. Zuerst ist es einfach – die Kraft, die das Quark hält, ist klein und leicht zu überwinden.

SCHREIBWEISE KLEINER ZAHLEN

Auf unserer Zeitreise in Richtung Urknall sprechen wir über immer kürzere Zeitabschnitte und benutzen Zahlen, die wir als sogenannte Zehnerpotenzen schreiben. Eine Zahl wie 10^{-3} kann auch als eine Eins mit dem Dezimalkomma um drei Stellen nach links verschoben geschrieben werden. Eine Tausendstelsekunde wird somit zu 10^{-3} oder 0,001 Sekunden. Eine Mikrosekunde (eine Millionstelsekunde) wird zu 10^{-6} oder 0,000 001 Sekunden etc.

Während einer geplanten Abschaltung des Large Hadron Collider im CERN installiert ein Techniker Teile des neuen Compact-Muon-Solenoid-Detektors, in dem Teilchen-kollisionen stattfinden und beobachtet werden.

Sie ziehen das Quark weiter weg und müssen sich dabei immer mehr anstrengen. Schließlich pumpen Sie so viel Energie in das System, dass Sie zwei weitere Quarks in Form von Mesonen erzeugt haben. An diesem Punkt war es für die Natur einfacher, diese Energie in Quark-Masse zu konvertieren, gemäß $E = mc^2$, als den Abstand weiter zu erhöhen.

Die Lektion daraus? Egal wie hart Sie ein Teilchen treffen, Sie werden niemals ein ungebundenes Quark bekommen.

VEREINHEITLICHUNG DER KRÄFTE

Bis jetzt haben wir auf unserer Zeitreise drei Übergänge passiert: 380 000 Jahre, drei Minuten und 10^{-5} Sekunden nach dem Urknall. Jeder steht für eine Veränderung in der Natur der Materie. Nach

380 000 Jahren entstanden komplexe Strukturen wie Atome aus einem Meer von Quarks und Leptonen, die seit 10^{-5} Sekunden nach Urknall existierten. Doch die Grundkräfte veränderten sich die ganze Zeit über nicht. Nur die Bausteine des Universums änderten sich, der Mörtel blieb derselbe. Selbst wenn man die Materie in ihre fundamentalen Bestandteile zerlegt, interagiert sie immer noch durch die gleichen, heute bekannten vier Kräfte.

Aber das wird sich nun alles ändern. Wir drehen die Uhr weiter zurück und stoßen bei 10^{-10} Sekunden nach dem Urknall auf den nächsten Übergang. Die Kräfte beginnen sich zu vereinen. Vor 10^{-10} Sekunden wirkten nur drei Kräfte – die starke Wechselwirkung, Gravitation und eine vereinigte Kraft, die elektroschwache Wechselwirkung. Erst danach trennten sich Elektromagnetismus und schwache Wechselwirkung mit jeweils eigener Identität. Eine Maschine wie der Large Hadron Collider am CERN kann die Bedingungen des erst 10^{-10} Sekunden alten Universums reproduzieren.

Für einen kurzen Moment herrschen tief in ihrem Inneren in einem Volumen mit der Größe eines Protons solche Bedingungen. Leider können wir noch keine Maschinen mit genügend Wumms bauen, die Bedingungen nachbilden, die noch näher am Urknall sind.

Die Vereinheitlichung von Elektromagnetismus und schwacher Wechselwirkung 10^{-10} Sekunden nach dem Urknall ist der Punkt, über den hinaus wir unsere Ideen nicht mit Experimenten testen können.

ALBERT EINSTEINS VERGEBLICHE SUCHE

Albert Einstein versuchte sich ab den 1920er-Jahren erfolglos an einer einheitlichen Feldtheorie. Warum scheiterte ein Physiker seines Kalibers daran? Er versuchte mit Gravitation und Elektromagnetismus die falschen Kräfte zu vereinheitlichen – eine bis heute ungelöste Aufgabe. Zu seiner Verteidigung muss man festhalten, dass die schwache und starke Wechselwirkung erst kurz zuvor entdeckt und noch nicht wirklich verstanden worden waren.

VEREINHEITLICHUNG DER STARKEN WECHSELWIRKUNG

Gehen wir in der Zeit weiter zurück. Wir müssen ein großes Zeitintervall überbrücken, bevor wir eine weitere entscheidende Änderung finden – zurück bis zu 10^{-35} Sekunden nach dem Urknall. Diese Zeitspanne ist so kurz, dass wir sie mit nichts Erfahrbarem vergleichen können. Trotzdem erklären unsere besten Theorien, dass zu diesem Zeitpunkt zum ersten Mal die Grundbausteine des Universums auftauchten: die sechs Quarks und die sechs Leptonen.

Natürlich haben wir keine Möglichkeit, unsere Hypothesen über das Verhalten des Universums in dieser frühen Zeit experimentell zu überprüfen. Doch das Standardmodell der Teilchenphysik kann das Verhalten der Materie bei mit modernen Beschleunigern erreichbaren Energien gut erklären (und einiges mehr). Selbst der optimistischste Physiker wird aber die Theorie nicht auf jenseits dieser 10^{-35} Sekunden nach dem Urknall ausdehnen. Vorerst ist dieser Zeitpunkt die Grenze eines jeden Verständnisses, das belastbar ist.

Niels Bohr (links) und Max Planck im Jahr 1930. Zu dieser Zeit hatten beide schon den Nobelpreis für ihre Beiträge zur Entwicklung der Quantenmechanik erhalten.

Neil deGrasse Tyson ✔
@neiltyson

Everything we know and understand about the Universe is driven by just three forces: Strong-Nuclear, Electro-Weak, & Gravity

💬 136   ↺ 375   ♡ 174   12:05 PM - Apr 24, 2012

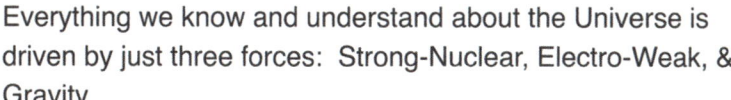

Hinter allem, was wir über das Universum wissen und von ihm verstehen, stecken nur drei Kräfte: Stark-Nuklear, Elektro-Schwach und Gravitation.

Dieser Augenblick markiert einen Einschnitt. Davor gab es nur zwei Kräfte im Universum: Gravitation sowie die vereinte starke und elektroschwache Wechselwirkung. Die Ereignisse zu diesem Zeitpunkt sind daher ein weiteres Beispiel für eine Vereinfachung. Danach entstanden viele komplexere Eigenschaften, die zum Inventar des heutigen Universums wurden.

Zwar haben wir im Moment keine guten Ideen, die noch weiter zurückführen könnten, aber das heißt nicht, dass wir überhaupt keine haben. Es gibt sogar viele – theoretische Physiker sind sehr erfinderisch. Im nächsten Kapitel sehen wir uns einige davon an. Die meisten Physiker erwarten die endgültige Vereinigung der Kräfte bei 10^{-43} Sekunden. Wir nennen das die Planck-Zeit, zu Ehren des deutschen Physikers Max Planck, des Begründers der Quantenmechanik. Wir vermuten, dass in der Zeit davor auch Gravitation und starke-elektroschwache Wechselwirkung eins waren. Das großräumige Universum, das mit der Beschreibung der Gravitation durch die allgemeine Relativitätstheorie (die Theorie des Großen) gut erklärt wird, nimmt nun winzige Volumen ein, in denen die Quantenmechanik (die Theorie des Kleinen) herrscht. Um diese Zwangsehe zu verstehen, benötigen wir zwangsläufig eine Quantentheorie der Gravitation.

Davor wollen wir aber etwas Merkwürdiges besprechen: dass es in unserem Universum überhaupt Materie gibt.

DAS PROBLEM DER ANTIMATERIE

Warum existiert Materie überhaupt? All unser Wissen über Masse und Energie im Universum sagt uns, geleitet von $E = mc^2$: Wenn hochenergetisches Licht (Röntgen- und Gammastrahlen) zu Masse wird, bilden sich spontan Paare aus Materie- und Antimaterieteilchen. Trifft dann ein Teilchen auf sein passendes Antiteilchen, annihilieren sie und werden wieder zu reiner Energie.

Als das frühe Universum so heiß war, dass Röntgen- und Gammastrahlen das Energiespektrum dominierten, war dies ein ewiger Kreislauf: Energie wurde zu Materie, wurde zu Energie, wurde zu Materie ... Als sich das Universum aber ausdehnte, kühlte es auf ein Energieniveau ab, in dem keine Materie-Antimaterie-Paare mehr spontan entstehen konnten. Es sind keine Teilchen mit so niedriger Masse bekannt. Das ist seltsam. Wenn alle Masse im Universum aus Materie-Antimaterie-Paaren stammt, die aus Röntgen- und Gammastrahlen entstanden, was ist dann passiert, als das Universum so stark abkühlte und es somit keine Röntgen- oder Gammastrahlen mehr gab? In diesem Szenario hat jedes Teilchen, das jemals entstand, ein Antimaterie-Gegenstück. Als sich das Universum weiter abkühlte, trafen die Teilchen auf ihre Antiteilchen und annihilierten ein letztes Mal. Zurück blieb ein Universum aus Licht – und nichts weiter.

Der heutigen Physik zufolge hätte das Universum also ohne jegliche Materie bleiben müssen. Aber es gibt sie. Wir alle bestehen aus Materie. Irgendwie, irgendwann müssen im frühen Universum einige Röntgen- oder Gammastrahlen spontan nur ein einzelnes Materieteilchen und damit eine starke Asymmetrie im Gleichgewicht der Teilchen geschaffen haben. Für das, was wir sehen, entstand nach Berechnungen bei etwa einer von 100 Millionen dieser Umwandlungen ein einsames Materieteilchen, das die grundlegenden Erhaltungssätze der Physik verletzt. Vielleicht war dies eine weitere dieser mysteriösen, aber realen Veränderungen im frühen Universum.

Das ist die Erklärung, mit der wir arbeiten. Und wir bleiben dabei – vorerst.

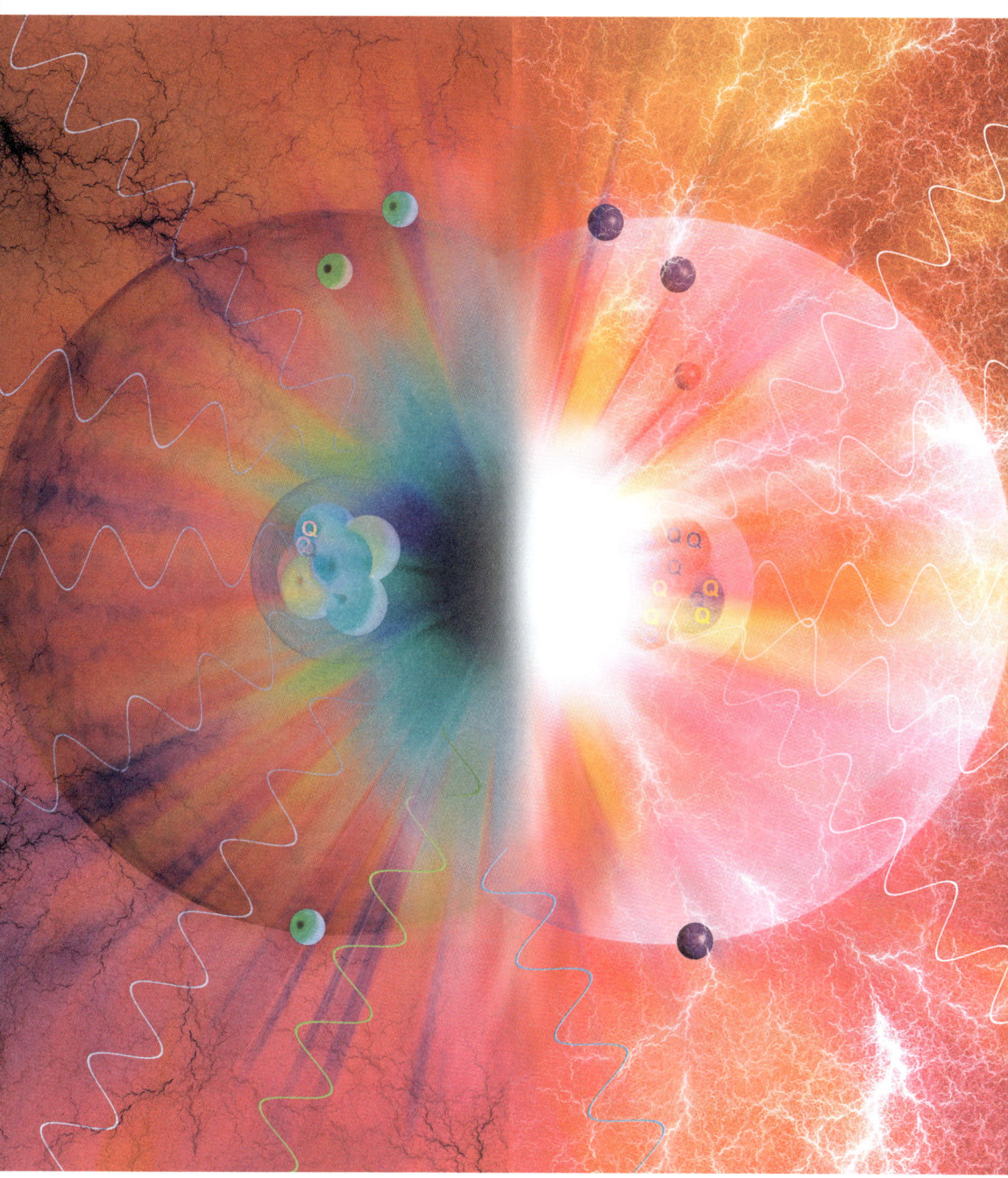

In dieser Illustration spiegeln sich Materie und Antimaterie mit Elektronen, Quarks und anderen subatomaren Teilchen auf der einen Seite und ihre Gegenstücke auf der anderen.

DAS GESAMTE SZENARIO

Nun können wir die Geschichte des Universums erzählen, beginnend bei dem Zeitpunkt, an dem unsere Theorien nicht mehr greifen, bis zum Anfang des heute bekannten Universums.

10^{-43} SEKUNDEN DANACH I Bis zu diesem Moment – der Planck-Zeit – ist alles Spekulation. Wir haben dafür keine experimentellen Daten oder soliden Theorien. Dennoch glauben wir, dass nur eine Kraft im Universum existierte. Nach einigen Theorien gab es auch nur eine Teilchenart. Wenn das stimmt, dann bestand das Universum zu Beginn schlicht aus nur einer Art von Teilchen, die durch eine Art von Kraft interagierten.

10^{-35} SEKUNDEN DANACH I Im Universum ereignet sich eine Reihe von Veränderungen. In dieser Zeit, der Inflation, dehnt es sich schnell aus. Es entsteht etwas mehr Materie als Antimaterie – genauer: 100 000 001 Materieteilchen pro 100 000 000 Antimaterieteilchen. Die Antimaterie-Materie-Paare annihilieren sich gegenseitig und erzeugen eine starke Strahlung, die zum kosmischen Mikrowellenhintergrund wird. Die starke Wechselwirkung spaltet sich ab. Im Universum wirken nun drei Kräfte, statt zwei: Gravitation, starke und elektroschwache Wechselwirkung.

10^{-10} SEKUNDEN DANACH I Elektromagnetismus und schwache Wechselwirkung trennen sich, es ist die letzte Aufspaltung in die vier Kräfte, die wir heute sehen: starke und schwache Wechselwirkung, Gravitation und Elektromagnetismus.

10^{-5} SEKUNDEN DANACH I Die bekannten Teilchen und Atomstrukturen entstehen. Die Quarks vereinen sich zu den Elementarteilchen des Atomkerns wie den Protonen und Neutronen. Sobald sie in den Elementarteilchen sind, sind die Quarks gebunden und können nicht mehr alleine existieren.

DREI MINUTEN DANACH |Die Temperatur ist so weit gefallen, dass sich Protonen mit Neutronen zu einfachen Atomkernen verbinden, ohne bei der nächsten Kollision wieder zu zerfallen. Für kurze Zeit bilden sich Atomkerne bis zur Komplexität von Lithium. Doch die Hubble-Expansion entfernt die Teilchen zu weit voneinander, als dass sie weiter Atomkerne bilden könnten. Nach drei Minuten koexistieren Materie und Strahlung in Form von Plasma. Jede Materienverklumpung wird durch die stark energetische Strahlung sofort aufgelöst. Anders die Dunkle Materie: Sie häuft sich unter dem Einfluss der Gravitation an, unsichtbar und unempfindlich gegenüber der zerstörerischen Strahlung.

380 000 JAHRE DANACH |Elektronen und Kerne verbinden sich zu Atomen. Dabei wird Licht freigesetzt und das Universum transparent. Diese Strahlung ist heute der kosmische Mikrowellenhintergrund. Die normale Materie verklumpt zu Sternen und Galaxien, wo immer auch Dunkle Materie ist.

Kurz: Alles fing mit dem einfachsten möglichen Zustand an und verwandelte sich daraus zum komplexen Universum, das wir heute kennen.

DAS ENDE DES WISSENS

So, das war's. Wir sind dem Verständnis vom Ursprung des Universums so nahe gekommen wie möglich. Jenseits dieses Punkts auf unserer Reise bleiben lediglich Hypothesen und Mutmaßungen. Aber wie jeder Neugierige weiß, sind die interessantesten Fragen jene, die wir noch nicht kennen.

Wir stehen auf dem Hügel 10^{-35} Sekunden, schauen zurück und sehen zwei Hürden, die wir überwinden müssen. Die erste ist: Was geschah in und vor der Planck-Zeit 10^{-43} Sekunden – oder auch nicht? Wie schon erwähnt, sind sich die theoretischen Physiker einig, dass der

Trend zur Vereinigung der Kräfte weitergeht und sich die Gravitation zur Planck-Zeit mit der stark-elektroschwachen Wechselwirkung vereinigt.

Wir wissen, dass der Austausch virtueller Teilchen auf der Quanten-ebene die schwache und die starke Wechselwirkung sowie den Elektro-magnetismus erzeugt. Doch nach der allgemeinen Relativitätstheorie resultiert die Gravitation aus der Krümmung der Raumzeit durch die vorhandene Materie – von virtuellen Teilchen ist da keine Rede. Eine Theorie der Gravitation, die in der Quantenwelt funktioniert, muss

Das Mosaik des Hubble-Weltraumteleskops zeigt den Carinanebel, eine stellare Kinderstube, deren massereiche Sterne gerade die Gaswolke zerfetzen, aus der sie entstanden sind.

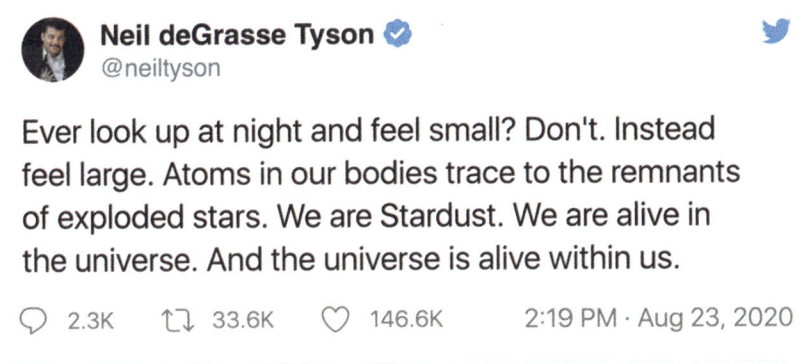

Sehen Sie nachts hinauf und fühlen sich klein? Nein! Sie können sich groß fühlen! Die Atome unserer Körper sind der Staub explodierter Sterne. Wir leben im Universum und das Universum lebt in uns.

also zwei grundlegend verschiedene Vorstellungen davon, wie Kräfte erzeugt werden, miteinander vereinen.

Doch selbst wenn wir dieses Problem lösen, bleibt ein noch größeres Rätsel: die Natur des Ausgangsereignisses. Wenn wir davon ausgehen, dass die Zeit mit dem Urknall begann, dann ergibt die Frage »Was ging dem Urknall voraus?« keinen Sinn. Einigen Ideen zufolge ist die Natur des Universums zudem nicht in einem Satz physikalischer Gesetze festgeschrieben, sondern kann variieren. In diesem Fall könnte es viele Universen gleichzeitig geben: ein Multiversum, viele Universen mit jeweils eigenen kosmischen Gesetzen, die nebeneinander bestehen und einander nie begegnen. Schnallen Sie sich also an zu einer Reise ins völlig Unbekannte.

WIE WIRD ALL

S ENDEN?

Die Illustration eines
Asteroideneinschlags auf der Erde.

9

Wenn wir über das Ende des Universums nachdenken, denken wir natürlich zuerst an unser eigenes Sonnensystem. Wie alle Sterne entfaltet unsere Sonne eine Taktik nach der anderen, um sich gegen die Gravitation zu behaupten. Jede neue Strategie erzählt eine Episode in der Geschichte ihres Sterbens.

Wie weiter vorn erklärt, fing das Sonnensystem als kollabierende interstellare Wolke an, in der der unerbittliche Sog der Gravitation herrschte. Als die Temperatur im Kern durch die Kompression hoch genug war, zündete die Kernreaktion und fusionierte Wasserstoff zu Helium. Genauer: Es verbanden sich vier Protonen und verwandelten sich in einen Heliumkern mit zwei Protonen, zwei Neutronen, einem Nebel aus anderen Teilchen und Energie.

Die dadurch entstehende Strahlung nach außen glich den Sog der Gravitation aus und die Sonne stabilisierte sich. Die Sonne fusioniert nun seit 4,5 Milliarden Jahren Wasserstoff in ihrem Kern. In weiteren fünf Milliarden Jahren wird der Wasserstoff aufgebraucht sein, die

In etwa fünf Milliarden Jahren bläht sich die Sonne zu einem Roten Riesen auf und verschluckt die inneren Planeten. Der Blick von der verbrannten Erde zeigt die schwarze Scheibe des Mondes und die turbulente Sonnenoberfläche.

Gravitation wird nach etwa zehn Milliarden Jahren wieder die Oberhand gewinnen – und der Kollaps droht.Es gibt nun zwei Energiequellen, die dem Kollaps entgegenwirken können. Eine ist der unverbrauchte Wasserstoff in der Schale um den Kern. Die andere ist eine Reihe von Kernreaktionen, die das Helium im Kern zu Kohlenstoff fusioniert. Dabei verschmelzen drei Heliumkerne mit je zwei Protonen zu einem Kohlenstoffkern mit sechs Protonen.

Die alternde Sonne wendet beide Taktiken an, was zu einer komplexen Reihe von Ereignissen führt. Die wichtigsten sind: 1. Die Sonne verliert durch den stark zunehmenden Sonnenwind etwa ein Drittel an Masse. 2. Die äußere Hülle dehnt sich aus, bis zur Umlaufbahn des Merkurs, dann der Venus und zuletzt der Erde. Die Sonne wird so zu einer neuen Art von Stern, einem Roten Riesen, und kühlt dabei ab. Das sich ausdehnende Gas verflüchtigt sich zuletzt in den interstellaren Raum und legt eine winzige, stabile und heiße Sternleiche frei.

Wenn das alles passiert, ist man am besten woanders. Ein Stern wie die Sonne ist nicht massereich genug, um über das Heliumbrennen hinaus weitere Kernreaktionen zu zünden. Daher kann nichts ihren Kollaps verhindern. An diesem Punkt tauchen jedoch neue Akteure in unserer Geschichte auf: schon früh aus Atomen gerissene Elektronen, die sich seit Milliarden von Jahren im Plasmahintergrund befinden. Die Gesetze der Quantenmechanik sagen uns, dass eine Elektronenwolke nicht unendlich komprimiert werden kann. Anders gesagt: Jedes Elektron braucht seine Ellbogenfreiheit, um seine Identität zu erhalten. Die Gravitation kann die Sonne auf die Größe der Erde komprimieren, bevor der Druck der ausströmenden Elektronen die Kompression für immer stoppt. Die Sonne wird zuletzt ein Weißer Zwerg, ein langsam abkühlender Aschehaufen. Die Geschichte ihres Lebens endet hier.

WIE ALT SIND WIR?

Wäre die Lebenszeit des Universums ein Jahr, so wären die Sonne und das Sonnensystem Anfang September geboren – in der Lebenszeit der Milchstraße ziemlich spät.

DAS ENDE DER ERDE

Was geschieht mit unserer Welt, während die Sonne gegen ihren Kollaps ankämpft?

Die stärkste Veränderung bringt ein Anstieg der Lichtstärke der Sonne. Obwohl sie seit 4,5 Milliarden Jahren durch Wasserstoff-Fusion Energie erzeugt und das auch weitere fünf Milliarden Jahre tun wird, wird sie fortwährend heller. Als die Planeten entstanden, war sie 30 Prozent schwächer als heute. Wenn der Wasserstoff im Kern aufgebraucht ist, wird sie noch einmal um zwei Drittel heller sein. Wie wird die Erde auf diese Erwärmung reagieren? Leben, wie wir es kennen, wird dieser Gefahr eindeutig nicht gewachsen sein – zumindest nicht auf der Erde. Und nein, die Erderwärmung von heute kann nicht durch die Veränderung der Sonne erklärt werden.

Aber wenn wir ignorieren, was Menschen in den nächsten Millionen Jahren mit der Erde anstellen könnten, dann wird unser Planet nicht viel anders aussehen als heute. Die Eiszeiten kommen und gehen. Sie hängen vor allem mit der Rotation der Erde und ihrer Umlaufbahn um die Sonne zusammen. Doch sie werden mit der Erderwärmung durch die Sonne seltener. Davon unberührt bleibt aber zunächst die langsame, stetige Drift der Kontinente, angetrieben von der Konvektion im Erdmantel. Geophysiker vermuten, dass in 250 Millionen Jahren alle Kontinente wieder in einem Superkontinent vereint sind: eine Wiederauflage von Pangaea vor 250 Millionen Jahren.

In einer Milliarde Jahren wird die Durchschnittstemperatur der Erde höher sein als unsere Körpertemperatur. Dadurch steigt die Verdunstungsrate und mehr Feuchtigkeit aus den Meeren und Seen gelangt in die Atmosphäre. Die Ultraviolettstrahlung der Sonne bricht die Wassermoleküle in Wasserstoff und Sauerstoff auf, die leichteren und schnelleren Wasserstoffatome verflüchtigen sich in den Weltraum, die Meere verschwinden völlig und der ganze Planet dörrt aus. Die Vulkane brechen weiter aus und speien in der Tiefe eingelagertes Wasser und Kohlendioxid in die Atmosphäre, so wie heute. Doch ohne die Meere, die heute kontinuierlich Kohlendioxid aus der Luft

Neil deGrasse Tyson ✔
@neiltyson

In five-billion years, as the Sun begins to die, its outer layers of glowing plasma will expand stupendously, engulfing the orbits of Mercury, then Venus, as the charred ember that was once the oasis of life called Earth vaporizes into the vacuum of space.
   Have a nice day!

💬 7.2K   🔁 55.7K   ♡ 204K   7:56 AM - Mar 12, 2018

In fünf Milliarden Jahren, wenn die Sonne zu sterben beginnt, dehnt sich ihre äußere Hülle aus heißem Plasma gewaltig aus. Sie verschlingt die Orbits von Merkur und dann der Venus, während die einstige Oase des Lebens, der Gluthaufen Erde, in das Vakuum des Weltraums verdampft. Einen schönen Tag noch!

Die Kontinente wandern unaufhörlich auf der Oberfläche der Erde. Geologen sagen voraus, dass sie sich wieder zu einer einzigen Landmasse vereinigen werden, die sie Pangaea Proxima nennen.

speichern, setzt ein starker Treibhauseffekt ein. Da das ultraviolette Sonnenlicht weiter die Wassermoleküle spaltet, hört die subkristalline Schmierung der Plattentektonik durch das Wasser auf, was die Kontinente zum Stehen bringt. In etwa drei bis vier Milliarden Jahren ist die Erdoberfläche durch den galoppierenden Treibhauseffekt so weit aufgeheizt, dass aus dem Gestein ein Meer flüssiger Lava wird.

Im letzten Akt wird die Sonne zum Roten Riesen. Ihre äußeren Bereiche dehnen sich aus, bis über die Umlaufbahn der Erde hinaus. Da sie bis dahin aber durch den stärkeren Sonnenwind an Masse verloren hat, ist auch der Zugriff ihrer Gravitation auf die Planeten schwächer und die Erde kreist in einem immer größeren Orbit. Sollte die Sonne sie bis dahin nicht einfach verschluckt haben, umkreist die verkohlte Erde danach einen Weißen Zwerg.

Vielleicht ein guter Augenblick für die Frage: »Wie geht's mit dem Raumfahrtprogramm voran?«

PANGAEA

Vor etwa 250 Millionen Jahren war alles Land der Erde im Superkontinent Pangaea (Altgriechisch für »die ganze Erde«) vereint. Dann quoll Magma von unterhalb der Erdkruste hervor, schuf Spalten und teilte die Landmasse in die sieben Kontinente von heute. Identische Sedimentschichten und fossile Arten an den Küsten weit entfernter Kontinente bestätigen dieses Phänomen.

In weiteren 250 Millionen Jahren werden sich die Kontinente laut den Geologen zu einem neuen Superkontinent vereinen, den sie schon jetzt Pangaea Proxima, das nächste Pangaea, tauften.

UNVORHERSEHBARE APOKALYPSE: VULKANE

Die Entwicklung der Sonne ist nicht die einzige Bedrohung für das Leben. Auch auf der Erde lauern Gefahren – wie Vulkane.

Wir leben auf einem Planeten, der einst völlig geschmolzen war und noch immer abkühlt. Flüssiges Gestein, das Magma, transportiert

Neil deGrasse Tyson ✔
@neiltyson

The stark beauty of Yellowstone Park, atop a dormant super-volcano. Reminders that not all of our planet is a haven for life. Across many parts of Earth's surface, "Mother Nature" will just as soon see you dead.

💬 432   🔁 1.7K   ♡ 12.7K   5:35 PM - Oct 21, 2018

Karge Schönheit des Yellowstone-Parks, der auf einem schlafenden Supervulkan liegt. Nicht überall ist unser Planet eine Oase des Lebens. An vielen Stellen der Erde würde »Mutter Natur« uns genauso gern tot sehen.

Hitze an die Oberfläche und erzeugt dort alle möglichen Phänomene wie heiße Quellen und Vulkanismus. Wie spektakulär sie auch immer sind, die meisten Vulkanausbrüche betreffen nur relativ kleine Gebiete in ihrem Umkreis. Doch gelegentlich haben sie auch globale Folgen. Als 1815 zum Beispiel der Tambora im heutigen Indonesien ausbrach, schleuderte er genug Teilchen in die Stratosphäre, um den Einfall von Sonnenlicht stark zu reduzieren. Die ganze Erde kühlte ab und 1816 wurde zum »Jahr ohne Sommer«.

Manchmal kann das aufsteigende Magma die Erdkruste nicht als isolierter Vulkan durchbrechen. Dann steigt der Druck, bis weite Gebiete der Erdoberfläche in einer gigantischen Explosion aufreißen und gewaltige Massen Lava ausgeworfen werden. Ist das Volumen dieses Auswurfs größer als etwa 1000 Kubikkilometer – Sie lesen richtig: 1000 Kubikkilometer –, handelt es sich um einen Supervulkan, dessen Auswurf ein Gebiet von etwa der Göße Frankreichs unter 1,5 Meter Gestein begraben kann. Es gibt 20 aktive Supervulkane auf der Erde. Der bekannteste liegt vielleicht im Yellowstone-Nationalpark in den Vereinigten Staaten. Dieser Supervulkan brach zuletzt vor 664 000 Jahren aus. Eine solche Eruption würde heute weite Teile Nordamerikas unter Vulkanasche begraben.

Geologen fanden Belege für mindestens 47 Eruptionen von Supervulkanen in der Erdgeschichte – die letzte vor 26 500 Jahren in Neuseeland, zur Zeit der Höhlenbewohner. Obwohl apokalyptische Sciene-Fiction-Filme anderes zeigen, wird das Leben auf der Erde (inklusive Menschheit) den nächsten Ausbruch vermutlich überleben, aber nicht alle Organismen und vor allem nicht die in seiner Nähe.

Vor Millionen von Jahren bedrohte noch eine ganz andere Größenordnung vulkanischer Aktivität die Erdbewohner: die magmatischen Großprovinzen. Im Vergleich dazu sind Supervulkane Zwerge. Sie warfen Hunderttausende von Kubikkilometern Lava aus. Der Dekkan-Trapp, eine riesige geologische Formation im westlichen Zentralindien, entstand zum Beispiel bei einer Eruption vor etwa 65 Millionen Jahren, der Sibirische Trapp, eine ähnliche Formation im Norden Russlands, vor rund 250 Millionen Jahren. In die Zeit dieser

Ausbrüche fallen die zwei größten Ereignisse von Massenaussterben der Erdgeschichte. Wenn man nach der Ursache dafür sucht, kann man diese Eruptionen nicht außer Acht lassen.

Der Yellowstone-Nationalpark liegt auf einem Supervulkan – einem gewaltigen Magmakessel, der zuletzt vor über einer halben Million Jahren ausbrach. Heute bildet der Supervulkan eine dampfende, schweflige Landschaft, wo der Untergrund immer wieder bebt.

DIE KATASTROPHE DES KRAKATAU

Der rote Himmel in Edvard Munchs Gemälde *Der Schrei* könnte auf den Ausbruch des Krakatau 1883 in Indonesien und das Vulkanmaterial in der Atmosphäre anspielen. Der Vulkan wurde damals regelrecht aufgerissen. Meerwasser drang in die Spalten ein und verursachte eine Explosion, die noch im 3000 Kilometer entfernten Australien zu hören war – der lauteste Knall der Geschichte.

UNVORHERSEHBARE APOKALYPSE: EIN EINSCHLAG

An einem ganz normalen Tag vor 50 000 Jahren fiel aus dem Himmel über dem heutigen US-Staat Arizona ein Objekt von der Größe eines 16-stöckigen Gebäudes. Der Asteroid, der fast komplett aus Eisen bestand, überstand die Feuertour durch die Atmosphäre und verdampfte beim Einschlag. Der 1200 Meter breite Krater wurde in der Zeit, als sein Ursprung noch ein Rätsel war, nach dem Landbesitzer Barringer benannt. Heute heißt er passender Meteor-Krater und erinnert daran, dass die Erde in einer gefährlichen Region des Weltraums kreist.

Die meisten Asteroiden des Sonnensystems bewegen sich im Asteroidengürtel zwischen Mars und Jupiter. (Wir Astrophysiker neigen dazu, den Dingen vernünftige Namen zu geben.) Aber manchmal kickt eine der seltenen Kollisionen oder der Einfluss der Gravitation eines Planeten einen Asteroiden in Richtung Erde. Sie zielen nicht auf uns, aber wenn wir ihnen im Weg sind oder zur falschen Zeit am falschen Ort, dann treffen sie uns, so wie einst der Eisenbrocken in Arizona.

Den katastrophalsten bekannten Einschlag gab es vor 65 Millionen Jahren, als ein Asteroid von der Größe des Mount Everest am heutigen Ort Chicxulub auf der Yucatán-Halbinsel in Mexiko niederging. Die Wucht dieses um die 20 Kilometer pro Sekunde schnellen Asteroiden enthielt tausendmal mehr Energie als das gesamte Atomarsenal der Menschheit. Die kinetische Energie verwandelte sich beim Einschlag

Neil deGrasse Tyson ✔
@neiltyson

Arizona is famous for its holes in the ground. Grand Canyon took millions of years to form. Meteor Crater took a few seconds.

💬 119   🔁 1.2K   ♡ 2.7K   8:06 PM - Feb 1, 2015

Arizona ist für seine Löcher im Boden bekannt. Der Grand Canyon entstand in Millionen von Jahren, der Meteor-Krater in nur wenigen Sekunden.

in Hitze, schuf einen etwa 180 Kilometer breiten Krater und verursachte vermutlich das letzte der fünf Massenaussterben. Der aufgewirbelte Staub verhüllte die obere Atmosphäre und blockierte für Jahre das Licht der Sonne. Die Dunkelheit, die Tsunamis und die durch herabfallende Trümmer entzündeten Feuer löschten zwei Drittel aller Arten des irdischen Lebens aus, darunter all die Dinosaurier, die wir in unserer Kindheit so liebten.

Lassen Sie mich also die bedrückende Frage stellen: Gibt es dort draußen einen Asteroiden, auf dem unser Name steht? Kommt ein nächstes Massensterben auf uns zu?

Die NASA betreibt mehrere Programme, um für die Erde bedrohliche Objekte zu entdecken. Das bekannteste ist das Pan-STARRS (Panoramic Survey Telescope and Rapid Response System) mit Teleskopen am Gipfel des Haleakala in Hawaii. Mit diesem und ähnlichen Projekten wurden bereits Hunderttausende Asteroiden entdeckt, von denen Zehntausende als für die Erde gefährlich eingestuft wurden. Wir halten dies für einen ziemlich vollständigen Katalog aller potenzieller Gefahren, die größer als ein Fußballstadion sind.

Der Meteor-Krater von Arizona zeigt den Schaden, den ein Asteroid vor 50 000 Jahren auf der Erde angerichtet hat.

Wenn wir eine solche Bedrohung finden, werden wir sie vermutlich nicht im Hollywoodstil vom Himmel schießen, denn Atomraketen würden eine unberechenbare, tödliche Trümmerwolke verursachen, die uns noch schneller treffen würde. Wahrscheinlicher ist, dass ein Weg gefunden wird, den Asteroiden Stück für Stück vom Kollisionskurs mit der Erde abzubringen.

DER KOMMENDE ZUSAMMENSTOSS

Trotz der kosmischen Expansion, die Edwin Hubble entdeckte und in der sich alle Galaxien voneinander entfernen, wirken auf zwei eng benachbarte Galaxien die Anziehungskräfte ihrer Gravitation, die stark genug sind, lokal die kosmische Expansion zu überwinden. Das heißt, die Galaxien kollidieren. So erwarten Astrophysiker, dass die Milchstraße und unser Zwillingsnachbar, die Andromedagalaxie, in einigen Milliarden Jahren kollidieren werden.

Dank neuer Daten der Raumsonde Gaia, die uns schon im Kapitel mit den Parallaxen und der Entfernungsleiter begegnete, wurden in den letzten Jahren die Details dieser Kollision klarer. Die Aufgabe der 2013 von der Europäischen Raumfahrtagentur gestarteten Gaia ist es, eine dreidimensionale Karte unserer Galaxie zu erstellen, indem sie sehr präzise die Positionen von einer Milliarde Sternen im Weltraum bestimmt. Und obwohl ihre Hauptaufgabe die Sterne der Milchstraße sind, kann Gaia auch Licht von hellen Sternen der Andromedagalaxie erfassen. Aufgrund dieser Messungen können wir ein Szenario der bevorstehenden Kollision entwerfen.

In 4,5 Milliarden Jahren nähern sich die Galaxien an und schrammen aneinander vorbei. Betrachten wir nur die leuchtenden Teile, so wird es nur ein Beinahe-Treffer. Doch die Galaxien sind von einem gewaltigen Halo umgeben, einem kugelförmigen Bereich Dunkler Materie, und deren Gravitation ist hier entscheidend. Sobald die Galaxien aneinander vorbeigezogen sind, wird sie die Anziehung dieser Halos bremsen und zur erneuten Kollision bringen.

WIE LEER SIND GALAXIEN?

Wenn sich auf der gesamten Fläche der kontinentalen USA nur 30 Hummeln verteilen würden, hätte jede von ihnen eine größere Chance, zufällig auf eine andere zu stoßen, als zwei Sterne in kollidierenden Galaxien. Sie können sich das nicht vorstellen? Vielleicht so: Wäre die Sonne so groß wie der Punkt am Satzende, wäre der nächste Stern 6,5 Kilometer entfernt.

Aber Galaxien sind keine festen Objekte, sie bestehen vor allem aus leerem Raum. Die Kollision ist daher kein einmaliger Zusammenstoß. Die Galaxien prallen aufeinander und wieder zurück, was sich mit immer kleinerem Rückstoß so lang wiederholt, bis sich eine einzige Riesen-Galaxie gebildet hat – die wir einfallslos Milkomeda nennen.

OFFEN, GESCHLOSSEN ODER FLACH?

Wenn wir über das Schicksal des Universums nachdenken und nicht nur über das unserer Umgebung, müssen wir zuerst seine generelle geometrische Struktur verstehen. Wenn Sie einen Ball in die Höhe werfen und nicht Superman sind, bremst ihn die Gravitation ab und er fällt zurück auf die Erde. Werfen Sie ihn mit der gleichen Kraft auf einem kleinen Asteroiden, fliegt er für immer in den Weltraum davon. Werfen Sie den Ball in der richtigen Geschwindigkeit, um der Schwerkraft exakt entgegenzuwirken, könnte der Ball auf einer Umlaufbahn landen. Das Schicksal des Balls hängt also von der Geschwindigkeit und Richtung Ihres Wurfs ab sowie von der Gravitation, die auf ihn einwirkt.

Die Expansion des Universums können wir analog betrachten. Wenn das Universum genügend Masse und damit Gravitation hat, um die davonrasenden Galaxien zu bremsen und umzukehren, wird die Expansion irgendwann aufhören und sich umdrehen. Wir nennen das ein geschlossenes Universum. Hat das Universum aber nicht genug Masse, geht die Expansion ewig weiter. Das nennen wir offenes Universum.

80 BIS 100 TONNEN So viel Materie stürzt jeden Tag aus dem Weltraum durch die Erdatmosphäre.

Den Übergang zwischen den beiden Fällen nennen wir flaches Universum. Es hat dann exakt die Masse, um die Expansion zu stoppen und ein Gleichgewicht zwischen den beiden Szenarien zu halten. Die Menge der Masse, mit der dies erreicht wird, »schließt« das Universum.

Wenn wir nun die Zukunft des Universums betrachten, müssen wir drei Dinge beachten: 1. Die Menge an normaler Materie. 2. Die Menge an Dunkler Materie. 3. Die Menge an Dunkler Energie. Die ersten beiden interagieren durch die traditionelle Gravitation und verlangsamen die Expansion. Doch die Dunkle Energie ist eine Art Antigravitation, die im Vakuum des Raums wirkt und die Expansion beschleunigt.

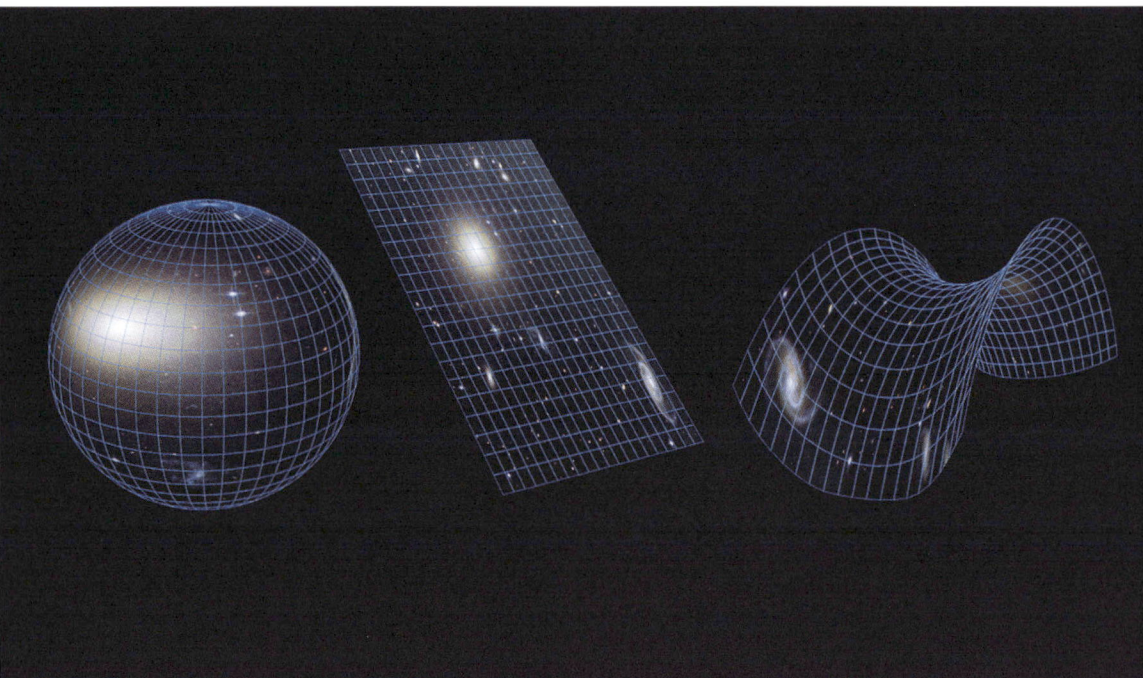

Die Form des Kosmos beeinflusst, wie er enden wird. Geschlossen (links), flach (Mitte) oder offen (rechts)? Alle Belege deuten auf ein flaches Universum hin.

Es gibt jedoch noch einen anderen Weg, die langfristige Zukunft des Universums zu betrachten, der auf Geometrie und nicht auf der Wirkung der Gravitation beruht. Gegenüber sehen Sie drei mögliche Formen der Grundstruktur des Universums: geschlossen, flach und offen.

Welcher Form entspricht das Universum tatsächlich? Das ist keine theoretische, sondern eine empirische Frage. Wir müssen etwas vermessen, das es uns erlaubt, zwischen diesen Szenarien zu wählen.

Wir könnten überprüfen, ob zwei parallele Linien auch in der Ferne parallel bleiben. An den Abbildungen gegenüber ist eindeutig zu sehen, dass dies nur bei einer flachen Geometrie der Fall ist. Wäre sie geschlossen, würden sich die Linien wie die Längengrade der Erde irgendwo treffen. Und auch wenn es technisch unmöglich ist, Laserstrahlen hinauszuschicken und zu sehen, wie sie sich auf weite Distanzen verhalten, so haben wir doch Photonen zur Verfügung, die mehr als 13 Milliarden Jahre gereist sind – den kosmischen Mikrowellenhintergrund. Und tatsächlich lösten Astrophysiker, die diese Mikrowellen analysierten, die Frage: Wir leben in einem flachen Universum. Diese einfache Tatsache sagt uns, wie das Universum enden wird.

WAS IST DA UNTERWEGS?

Unser Universum ist also flach und hat nicht genug Gravitation, um es zu schließen. Wie groß ist nun unser Stück vom kosmischen Kuchen? Lassen Sie uns zunächst schauen, wie viel jeder Bestandteil des Universums ausmacht.

BARYONISCHE MATERIE: 5 PROZENT | Baryonische Materie ist der Stoff aus normalen Teilchen, die Materie, die wir kennen. Sterne, Planeten, Asteroiden, Kometen, interstellare Staubwolken, Schwarze Löcher und Menschen bestehen alle daraus.

Diese vertraute Form der Materie macht etwa fünf Prozent des Universums aus. Das heißt, die Wissenschaft erforschte von den frühesten

Das Geschrei »Rettet die Erde!« ist kurios. Der Planet Erde überlebt Asteroideneinschläge – und wird alles überleben, was wir auf ihn werfen. Aber das Leben auf der Erde schafft das nicht.

Zivilisationen bis heute nur einen Bruchteil von allem Existierenden. Andererseits haben wir im Verlauf der Jahrtausende eine gute Vorstellung davon bekommen, was Baryonische Materie ist und wie sie sich verhält. Wir sind ziemlich stolz darauf, was wir mit diesen fünf Prozent machen können.

DUNKLE MATERIE: 27 PROZENT ❙Sie erinnern sich vielleicht, dass es eigentlich Dunkle Gravitation heißen sollte, da es exakt das ist. Aber der Begriff ist eingeführt, also arbeiten wir damit weiter. Die Dunkle Materie macht etwas weniger als 30 Prozent des Universums aus.

Auch wenn wir nicht wissen, was Dunkle Materie ist, wissen wir doch, was sie tut – und noch wichtiger, was sie nicht tut: Sie übt eine Anziehungskraft aus und wir sehen ihre Auswirkungen, etwa an der Rotation von Galaxien, der Struktur von Galaxienhaufen und der Beugung der Lichtstrahlen durch Gravitationslinsen, die Einstein als Erster voraussagte.

Dunkle Materie interagiert nicht mit elektromagnetischer Strahlung (Licht) und die Theoretiker haben verschiedene Meinungen dazu, was sie sein könnte. Die neuesten Theorien nehmen an, dass Dunkle Materie aus einer Art flüchtiger Elementarteilchen besteht, die noch entdeckt werden müssen.

DEAP-3600 ist ein äußerst empfindlicher Dunkle-Materie-Detektor in einer Nickelmine in Ontario, Kanada, der in zwei Kilometer Tiefe arbeitet.

DUNKLE ENERGIE: 68 PROZENT | Sie bildet den größten Teil des kosmischen Kuchens und den Teil, über den wir am wenigsten wissen. Wir wissen, sie wirkt als eine Art Antigravitation, die Galaxien auseinandertreibt und die Expansion beschleunigt – das war's dann schon. Im Augenblick gibt es zwei Bewerber für die Identität der Dunklen Energie.

Der populärste Idee ist, dass sie die Energie des leeren Raums repräsentiert. In einer frühen Version der allgemeinen Relativitätstheorie benutzte Einstein den Begriff »kosmologische Konstante«, um diese Möglichkeit zu berücksichtigen. Die Lösungen der Physiker, die diese Energie mithilfe der Quantenmechanik berechnen wollten, wichen um den Faktor 10^{120} ab, einer Eins gefolgt von 120 Nullen. So eine Diskrepanz zwischen Theorie und Beobachtung muss man erst mal schaffen! Das war vermutlich die falscheste Rechnung aller Zeiten.

Der Alternativkandidat ist die Quintessenz. Der Name stammt aus der antiken griechischen Philosophie, die damit ein fünftes Element bezeichnete, das neben Erde, Feuer, Wind und Wasser existiert – aber nur im Reich der Götter. Diese Theoretiker vermuten, die Dunkle Energie sei eine neue Art raumfüllender Flüssigkeit, die die Expansion des Universums beschleunigt.

Was immer Dunkle Energie ist, sie macht etwa zwei Drittel von allem aus, was das Universum antreibt.

EINSTEINS GROSSER FEHLER

Einstein führte die kosmologische Konstante ein, weil er wie jeder andere annahm, dass das Universum statisch und unveränderlich sei. Doch dazu benötigte er eine Kraft, die die Gravitation neutralisiert. Wäre er nicht voreingenommen gewesen, hätte er vorhersagen können, dass das Universum sich ausdehnt oder zusammenzieht. Als Hubble die Expansion des Universums entdeckte, ließ Einstein sein Konzept rasch fallen und nannte es später »den größten Fehler meines Lebens«.

Da es aber tatsächlich eine kosmische Konstante gibt, die die kosmische Gravitation nicht nur neutralisiert, sondern sogar überwindet, könnte Einsteins größter Fehler gewesen sein zu sagen, dass die kosmologische Konstante sein größter Fehler war. Obwohl Einstein irrte, hatte er also recht.

OPTIONEN FÜR DAS ENDE

Geschichten vom Ende des Universums beginnen traditionell mit den jeweiligen Möglichkeiten eines offenen, geschlossenen oder flachen Systems. In einem geschlossenen Universum hört die Expansion eines Tages auf und kehrt sich um. Die Materie kollabiert zur Dichte ihres rätselhaften Ursprungs. Dieses Szenario heißt Big Crunch (Großer Kollaps), auf den mit dem Big Bounce (Großer Rückprall) eine erneute Expansion folgen und ein neuer Zyklus beginnen könnte. Faszinierend, aber alle Daten sprechen gegen das geschlossene Modell.

Die verbleibenden zwei Möglichkeiten für das Ende des Universums, falls es flach oder offen ist, hängen von der Natur der Dunklen Energie ab. In der Frühzeit des Universums waren normale und Dunkle Materie zusammengequetscht, die Gravitation dominierte überall im Raum und überwand jegliches Auftreten der Dunklen Energie. Folglich bremste sie auch die Expansion des Universums. Im Alter von fünf Milliarden Jahren hatten sich im Universum normale und Dunkle Materie so weit ausgedünnt, dass die Dominanz der Gravitation über alle Dinge schwächer wurde. Das ebnete den Weg für die Dunkle Energie, die Gravitation zu überwinden und die Expansion zu beschleunigen. In dieser Phase befinden wir uns noch heute.

Hier stellt sich die Frage, ob die Dunkle Energie endlich ist oder nicht. Davon hängt das Schicksal des Universums ab.

Ist die Menge an Dunkler Energie endlich, lässt ihre Wirkung mit zunehmender Ausdehnung des Raums nach, die Gravitation wird wieder dominanter, die Expansion wird immer langsamer, aber niemals enden – das flache Universum.

Vielleicht nimmt aber die Menge der Dunklen Materie zu, wenn der Raum wächst – vielleicht ist sie wie ein Vakuum. Je stärker das Universum expandiert, desto dünner wird die Gravitation und desto größer das Vakuum, was die Dunkle Energie in Relation zur Gravitation stärkt. Die Expansion wird immer schneller und führt nach einigen Theorien in etwa 22 Milliarden Jahren zum furchterregenden Big Rip (Großen Knall).

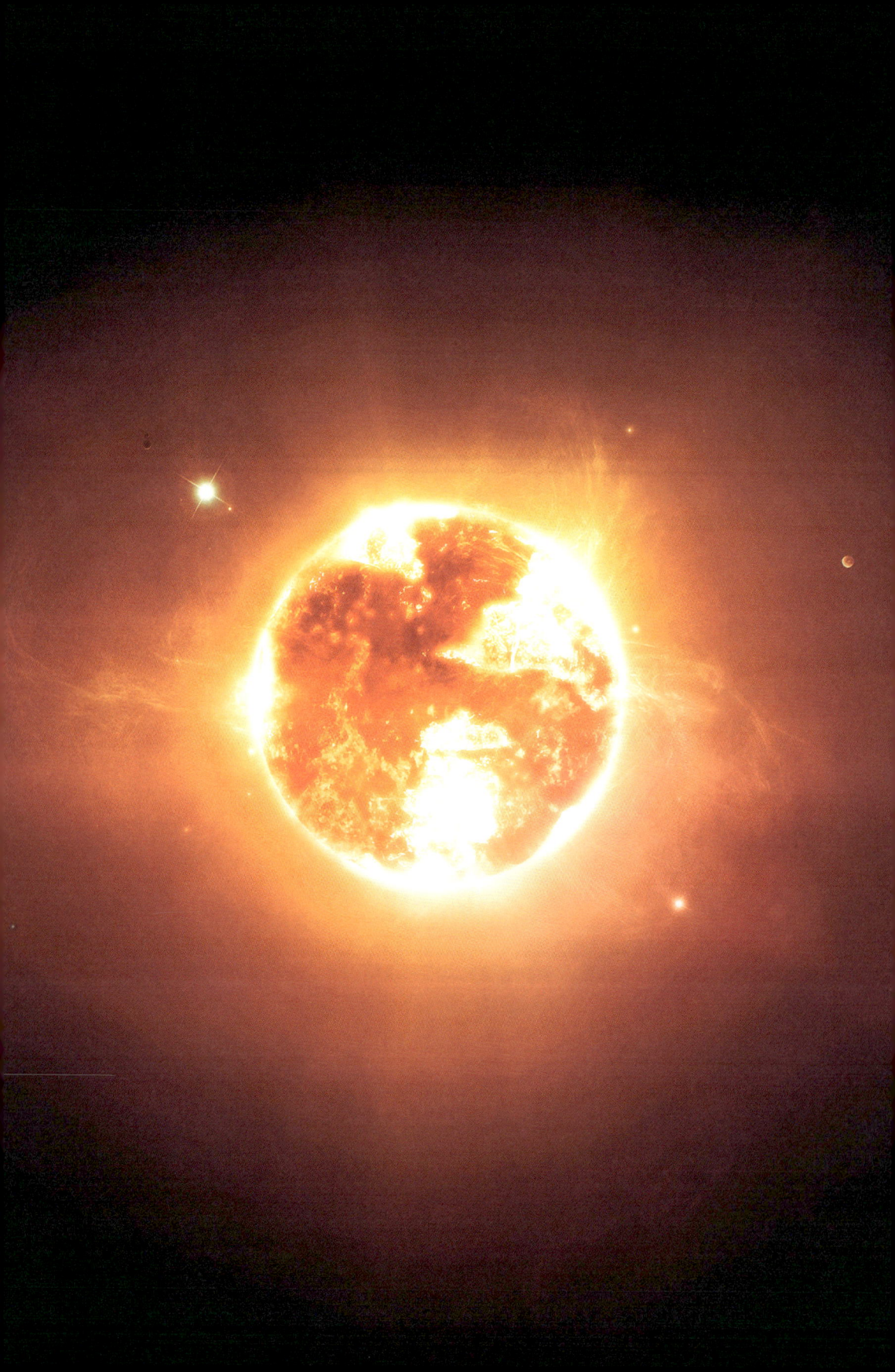

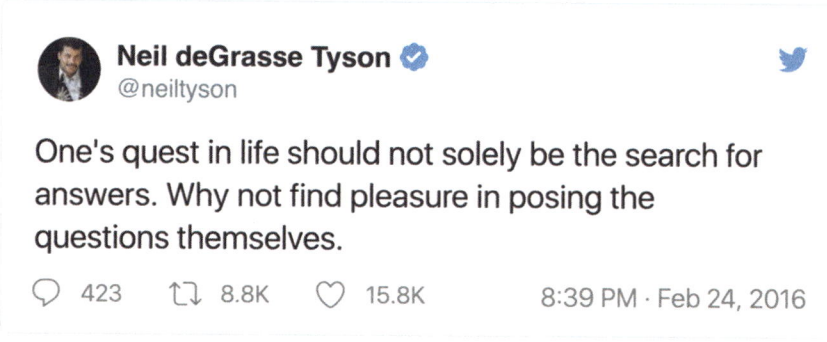

All unser Suchen im Leben sollte nicht nur wegen der Antworten geschehen. Warum haben wir nicht einfach Freude daran, Fragen zu stellen?

In dieser Entwicklung wächst zunächst der Abstand zwischen den Galaxien, dann wird die Expansion des Raums die Sterne in den Galaxien trennen. Drei Monate vor dem Rip löst sich das Sonnensystem auf. 30 Minuten davor wächst der Raum zwischen den Atomen so weit an, dass es alle materiellen Objekte – Planeten, Gestein, Menschen – zerreißt. Zuletzt wird die unerbittliche Kraft der Antigravitation sogar die Atome zerreißen und eine immer geringer werdende Ansammlung von Elementarteilchen zurücklassen. Solange wir nicht viel mehr über die Dunkle Energie wissen, sind wir nicht in der Lage, das richtige Ende der Hubble-Expansion zu bestimmen.

AM RAND DER ZEIT-LANDKARTE

Wir stehen an den Grenzen unserer Theorien. Für alles, was darüber hinausgeht, sind wir gezwungen, die Methode mittelalterlicher Kartografen nachzuahmen: Sie schrieben an den Kartenrand, hinter die bekannten Territorien, »Hier hausen Drachen« – und gingen nach Hause.

Die Sonne, ein Stern unter einer Trilliarde im Universum, wird im Tod zu einem Roten Riesen und legt zuletzt ihren brennstoffarmen Kern als Weißen Zwerg frei.

BLICK AUF DAS ENDE DES UNIVERSUMS

In ganz Europa gehen die Lichter aus.

– Sir Edward Grey, britischer Diplomat, 1914

Es ist eine Sache, in abstrakten, theoretischen Begriffen über das Ende des Universums zu sprechen, aber etwas völlig anderes, sich das als Beobachter auf der Erde vorzustellen. Nehmen wir einmal an, dieser Betrachter sei abgeschirmt vor den Gesetzen der Physik, die allem anderen ein Ende bereiten, und würde so lange leben, dass er die ganze Show anschauen könnte. Obwohl wir am Himmel verschiedenste Feuerwerke sehen, wird er sich insgesamt allmählich verdunkeln. Der oben zitierte Satz Sir Edward Greys vom Beginn des Ersten Weltkriegs gibt auch die Trostlosigkeit der Zukunft des Universums wieder.

Die ersten paar Milliarden Jahre sind wohl nichts Besonderes. Die Sonne wird allmählich heller und die Erde spürt die Auswirkungen davon. Doch danach bemerken wir etwas Neues am Himmel. Die Andromedagalaxie nähert sich der Milchstraße auf Kollisionskurs. Sie wird ein immer größerer, verschwommener Lichtfleck. Kurz vor der Kollision verzerren sich die Formen der beiden Galaxien durch die Kraft ihrer Gravitation. Seltsamerweise wirkt sich die mehrfache Kollision der Galaxien, wie wir bereits feststellten, vermutlich nicht groß auf die Sonne oder unser Sonnensystem aus; dafür sind die Sterne einfach zu weit verteilt.

Wenn die Sonne ihr letztes Stadium als Roter Riese erreicht und dann zum Weißen Zwerg wird, bemerken wir etwas anderes: Die Sterne beginnen zu verschwinden.

Jedes Sternenleben beginnt mit der Fusion von Wasserstoff und endet, wenn der Brennstoffvorrat ausgeht, als Weißer Zwerg, in einer Supernova oder in einem Schwarzen Loch. In fünf Milliarden Jahren ist die Sonne ein im Weltraum erkaltender Aschehaufen, den die Elektronen gegen die Gravitation stützen. Langsam kühlt sie auf die Temperatur des Universums ab und strahlt nicht mehr.

DIE FERNE ZUKUNFT

Wir können über die nächsten Milliarden Jahre einige Vorhersagen machen, die auf solider Physik beruhen. Bei allem anderen bauen unsere Vorstellungen auf immer mehr Vermutungen über die Natur der Dunklen Energie und Elementarteilchen auf. Diesen Disclaimer vorausgesetzt, präsentieren wir hier einen Fahrplan in die ferne Zukunft, in Jahren geschätzt:

- **1 Milliarde –** Die Erde verliert ihre Meere.
- **4,5 Milliarden –** Die Sonne erreicht ihren Höhepunkt als Roter Riese. Merkur, Venus und Erde werden verschluckt.
- **5 Milliarden –** Die Andromedagalaxie kollidiert mit der Milchstraße.
- **6 Milliarden –** Die Sonne wird zum Weißen Zwerg.
- **22 Milliarden –** Der Big Rip beginnt. Das Ende.

Falls es nicht zum Big Rip kommt …

- **100 bis 150 Milliarden –** Alle Galaxien außerhalb der Lokalen Gruppe verlassen das beobachtbare Universum.
- **450 Milliarden –** Alle Galaxien in der Lokalen Gruppe verschmelzen zu einer einzigen Galaxie.
- **100 Milliarden bis 1 Billion –** Die letzten Wellen der Sternenbildung, die das Universum jemals sehen wird.
- **1 Billion –** Die langlebigsten Sterne des Universums fangen an zu sterben. Alle Sterne, die entstehen konnten, entstanden. Das Universum stürzt in die Dunkelheit.

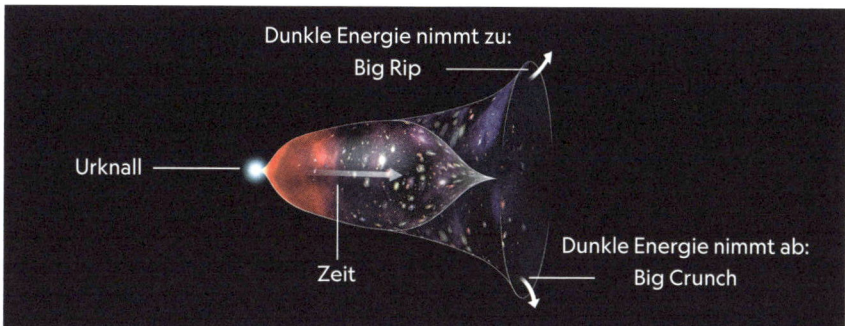

Eine grafische Darstellung der Gesamtzeit – vom Urknall (links) bis entweder zum Big Rip, der sich nach außen wölbt, falls die Dunkle Energie zunimmt, oder zum Big Crunch, der sich nach innen verengt, falls die Dunkle Energie abnimmt.

Neil deGrasse Tyson ✓
@neiltyson

Will the universe end? many ask. Yes. Not with a bang but a whimper. Not in fire, but in ice. Not in light, but in darkness.

💬 ↻ 400 ♡ 132 11:10 PM - Apr 8, 2011

Wird das Universum enden? Ja. Aber nicht mit Knall, Feuer und Licht, sondern mit Wimmern, Eis und Dunkelheit.

Es wird dunkel. Dieses Schicksal erwartet jeden Stern, egal welchen Weg er an seinem Ende geht. Die Sterne sterben und wir sehen, dass auch die entfernten Galaxien verschwinden. Die Wirkung der Dunklen Energie vergrößert durch die Beschleunigung der Hubble-Expansion den Raum zwischen den Galaxien. Zuletzt wird die Entfernung der Galaxien zur Erde dadurch so groß, dass das Licht, das sie ausstrahlen, uns nie mehr erreicht. Wie die Sterne erlischt eine Galaxie nach der anderen. Am Ende umgibt uns ein kaltes, dunkles Universum aus einer dünnen Suppe von Elementarteilchen und zerfallenden Schwarzen Löchern.

Polarlichter leuchten zart über den Eisspalten des Abrahamsees in Alberta und lassen anklingen, wie das Universum enden wird: in Eis und Dunkelheit.

WAS HAT DAS ALLEM ZU TUN

NICHTS MIT

Das Schmuckkästchen, ein offener Sternenhaufen
im Sternbild Kreuz des Südens.

Bis jetzt wollten wir verstehen, woraus das Universum besteht und wie es funktioniert. Aber wie bei der schwarzen Schrift auf dieser Seite sehen Sie Buchstaben nur da, wo kein Licht ist. Wir nennen das Druckerschwärze, aber rein optisch sind es alle Stellen, an denen das Weiß der Seite gehindert wird, Ihre Augen zu erreichen. Wie in Büchern ist auch in der Kosmologie Nichts alles: Es ist fast unmöglich, über die Existenz von etwas zu sprechen, ohne zugleich auf die Existenz des Nichts zu verweisen. Wie Yin und Yang ergänzen sie sich.

Aristoteles versuchte, das Nichts zu verstehen, wie es sich in der Abwesenheit von Luft offenbart. Kühn erklärte er: »Die Natur verabscheut die Leere.« Sein Argument war einfach: Wenn ein Vakuum erzeugt würde, würde die umgebende Luft einströmen und es sofort auslöschen.

Im Mittelalter wurde dieses Argument noch theologisch überlagert. Das Vakuum galt als Zustand der Abwesenheit Gottes und

Alles, was wir kennen, macht nur fünf Prozent des Universums aus – die bunten Geleebohnen im Glas. Was ist der Rest?

die Bezeichnung *horror vacui* erfordert keine Übersetzung. In den Verurteilungen von 1277 nannte Étienne Tempier, der Bischof von Paris, den Glauben an die Existenz des Vakuums einen der 219 Fehler, den die Kirche verdamme – genauso wie Wahrsagerei und Teufelsbeschwörungen.

1654 zeigte der deutsche Diplomat und Wissenschaftler Otto von Guericke in einem berühmten Experiment, dass es das Vakuum tatsächlich gibt. Er fügte zwei Halbkugeln aus Kupfer zusammen, pumpte die Luft heraus und spannte vor jede Halbkugel Pferde (insgesamt 30), um die Halbkugeln auseinanderzuziehen – was nicht gelang. Der atmosphärische Druck um die Kugel war zu stark. Dieser Versuch änderte die Vorstellung vom Nichts und das Vakuum wurde zum Standardwerkzeug der experimentellen Wissenschaft. Der Ring des Large Hadron Collider am CERN in der Schweiz ist heute das größte Vakuumsystem der Welt. Tatsächlich sind es sogar drei separate Systeme – zwei zur Wärmedämmung wie bei der Thermoskanne und als drittes der Beschleunigerring, aus dem Luftmoleküle und streunende Atome entfernt werden, damit sie den Teilchenflug nicht stören. Es dauert ganze zwei Wochen, um die Luft aus dem Vakuumsystem zu pumpen. Danach herrscht darin ein Druck von 10^{-13} Atmosphären. Auf zuvor zehn Billionen Moleküle kommt dann nur noch eines.

Der Raum im Ring des LHC ist sogar leerer als der interplanetarische Raum, er ist der leerste Raum des Sonnensystems. Freie Fahrt für die hochenergetischen Teilchen! Auf dass sie nicht mit etwas zusammenstoßen, mit dem sie es nicht sollen.

NICHTS IST MEHR SO, WIE ES WAR

Die Entwicklung der Quantenmechanik in den 1920er-Jahren entzog vielen damaligen Konzepten den Boden – auch das Vakuum blieb nicht verschont.

Bis zu diesem Zeitpunkt dachte man seit Aristoteles darüber auf die gleiche Weise nach, ob man es nun für real hielt oder nicht. Ein

Neil deGrasse Tyson ✔
@neiltyson

"Nature abhors a vacuum" came from space-illiterate people. In fact, Nature just loves a vacuum. It's most of the universe.

💬 339   🔁 1K   ♡ 1.8K   11:54 AM - Jun 17, 2013

»Die Natur verabscheut die Leere«, sagten Weltraum-Unkundige. Aber sie liebt die Leere. Sie ist der größte Teil des Universums.

Vakuum ist ein Raum ohne Inhalt. Punkt! Diese Version des Nichts war wortwörtlich »nicht etwas«.

Doch Heisenbergs Unschärferelation änderte alles. Ein Teilchen kann aus dem Nichts auftauchen, solange es in genügend kurzer Zeit wieder verschwindet. Wir benutzten das Bild von Aschenputtel auf dem Ball – sie konnte hingehen, solange sie um Mitternacht zurück war. So ist es auch mit den virtuellen Teilchen, die die Grundkräfte vermitteln. Sie können als Quantenfluktuation im Vakuum auftreten, wenn sie innerhalb des durch die Unschärferelation beschriebenen Zeitlimits wieder resorbiert werden.

Die Bedeutung dieses Quanten- konzepts für das Vakuum ist weitrei- chend. Das traditionelle Vakuum ist ein statischer, lebloser Ort. Das Vakuum der Quantenmechanik ist ein dynamischer Ort, der von Teilchen wimmelt, die auftauchen und schnell wieder verschwinden.

Stellen Sie sich eine spezielle Art von Popcorn vor. Seine Körner platzen nicht nur auf wie die normalen Körner, sondern sie verwandeln

Luftpumpe für Vakuum- experimente, um 1800

sich aus dem aufgeplatzten Zustand auch wieder in das ursprüngliche Korn zurück. Was passiert, wenn man diese imaginären Körner über eine Flamme hält?

Zuerst sehen Sie zufällig Körner aufplatzen, bald jedoch etwas anderes: Ein aufgeplatztes Korn nach dem anderen verwandelt sich in das Ausgangskorn zurück. Dieses gespenstische Popcorn ist wie das Quantenvakuum. Im Durchschnitt gibt es im System keinen Gewinn oder Verlust von Energie, und es ist weit entfernt vom ursprünglichen aristotelischen Nichts.

Das Ganze klingt ein bisschen wie aus *Alice im Wunderland* – aber unzählige Experimente bestätigen die Existenz dieses unruhigen Quantenvakuums.

IST DAS GESAMTE UNIVERSUM EINE VAKUUM-FLUKTUATION?

Der amerikanische Physiker Edward Tryon stelle 1973 diese Frage. Er war der Erste, der erforschte, ob die Gesetze der Quantenmechanik etwas mit dem Ursprung des Universums zu tun haben könnten. Er führte an, dass es keinen Grund gäbe, warum es nicht als Fluktuation des Quantenvakuums entstanden sein könnte – eine seltene, um sicher zu sein.

Das war eine aufregende Idee. Er verband den Ursprung des Universums mit der Entstehung virtueller Teilchenpaare. Die Unschärferelation setzt der Lebensdauer dieser Teilchen ein Zeitlimit: Je schwerer ein Teilchen ist, desto kürzer ist seine Lebenszeit. Für ein Elektronen-Positronen-Paar beträgt sie gerade einmal 10^{-21} Sekunden – das Billionstel einer Nanosekunde. Wie lang könnte also ein Universum bestehen, dessen Masse 100 Milliarden Galaxien entspricht? Sicher nicht Milliarden von Jahren.

Noch wichtiger ist, dass Tryons Argument ein Grundgesetz der Natur zu verletzen scheint: die Erhaltung der Energie. Wie soll die Masse aller Galaxien aus dem Nichts erscheinen? Man kann diese Art

 **Neil deGrasse Tyson** ✔
@neiltyson

If you seek only easy problems to solve, then ultimately, there'll
be nothing about you to distinguish yourself from others.

💬 61   🔁 2.1K   ♡ 764   3:40 PM - Jun 27, 2012

Wenn Sie nur versuchen, einfache Probleme zu lösen, wird es nichts geben, was Sie von
anderen unterscheidet.

von Einwand mindestens bis zum antiken römischen Philosophen
Lucretius zurückverfolgen, der meinte: *»Nil posse creari de nihilo.«*
(»Nichts kann aus dem Nichts entstehen.«)

Das aufwendigste Vakuumexperiment des 21. Jahrhunderts: Ingenieure im Large
Hadron Collider, der mit einem Vakuum betrieben wird, dessen Druck weniger als ein
Milliardstel des Drucks der Erdatmosphäre beträgt.

DIE ZWECKMÄSSIGKEIT DER UNSCHÄRFE

Die Unschärferelation Heisenbergs enthüllt keine spukhaft-magische Tatsache des Universums. Sie erklärt eine fundamentale Grenze bei Messungen, die sich am stärksten in der Welt der kleinen Teilchen zeigt. Man kann nicht Ort und Geschwindigkeit eines Teilchens gleichzeitig wissen. Der Grund dafür ist, dass die Messung des einen die Messung des anderen stört.

Wenn Sie eine Münze zwischen den Polstern eines Autositzes herausziehen wollen und danach greifen, weitet Ihre Hand den Zwischenraum und die Münze rutscht weiter hinab. Der Akt des Greifens nach der Münze erschwert es zugleich, die Münze zu erreichen.

Die Quantenphysik lehrte uns auch, dass man nicht wissen kann, was man nicht messen kann. Heisenbergs Einsicht war, diese erfahrbaren Tatsachen (erfolgreich) zu einem Prinzip des Universums zu erheben.

Die Lösung für dieses Rätsel hilft tatsächlich, den Ursprung des Universums zu erklären.

Wenn wir uns das Universum ansehen, sehen wir zwei verschiedene Arten von Energie. Eine ist in der Masse normaler Teilchen eingesperrt; diese Energie ist positiv. Die andere ist in den Gravitationsfeldern eingesperrt; diese Energie ist negativ.

Negative Energie? Ein Beispiel: Will man ein Objekt von der Erde in den Weltraum befördern, muss man ausreichend Energie hineinpumpen, damit es dem Gravitationssog der Erde entfliehen kann. Ein Blick auf den Energieverbrauch einer NASA-Rakete, und Sie wissen, wie viel Energie nötig ist, ihr Gewicht so weit ins All zu befördern, dass die Erde sie nicht länger zurückzieht. Die Nutzlast startet dabei in einem Zustand mit negativer Gravitationspotenzial-Energie und endet durch die Verbrennung des Brennstoffs in einem Zustand von null Gravitationspotenzial-Energie in Relation zur Erde.

Eine Rakete startet mit einer negativen potenziellen Gravitationsenergie. Sobald sie die Anziehung der Erde überwunden hat, beträgt die Gravitationsenergie null. Diese Atlas V bringt den Perseverance-Rover der NASA zum Mars.

TRYON VERSUCHTE ES WEITER

Edward Tryon erzählte, wie er während der Vorlesung eines Gastphysikers mit der Frage herausplatzte: »Könnte das Universum eine Vakuumfluktuation sein?« Alle lachten, weil sie dachten, er mache einen Scherz. Aber seine Arbeiten werden noch immer gelesen.

Noch ein Beispiel: Sie sind in einer Ebene und beobachten jemand, der ein Loch gräbt und die Erde aufschüttet. Sehen Sie nur den Erdhaufen, sieht der Vorgang wie ein Wunder aus – ein kleiner Hügel erscheint aus dem Nichts. Sobald Sie das Loch sehen, löst sich das Wunder auf. Die Person mit der Schaufel fing ohne Loch und Erdhaufen an und schuf beides. Das bedeutet, Sie können ein Universum mit insgesamt null Energie erschaffen, aber solange Sie immer wieder Löcher und Haufen darin machen, kann es enorm interessant sein.

Tryon schloss seine Arbeit mit einem unserer liebsten Zitate. Vielleicht, so spekulierte er, »ist unser Universum einfach etwas, das ab und zu geschieht«.

KOSMOGENESE

Lassen Sie uns ein Ursprungsszenario für das Universum durchspielen, das die meisten Kosmologen annehmen.

Es beginnt mit dem Quantenvakuum. Am besten stellt man sich das Universum vor dem Urknall als Ball vor, der einen Hügel hinabrollt. Je höher der Ball auf dem Hügel liegt, desto größer ist am Start die potenzielle Energie. Der unterste Punkt des Hügels wird als wahrer Vakuumzustand bezeichnet. Falls der Ball aber in ein Loch am Abhang rollt, lagert er in einem falschen Vakuumzustand mit viel Energie – ein Stups aus dem Loch, der Ball rollt weiter in Richtung wahres Vakuum und setzt diese potenzielle Energie frei. In der Welt eines Newton könnte der Ball nur dann aus dem falschen Vakuum kommen, wenn ihn jemand über den Lochrand stoßen würde. In der Quantenwelt kann er sich aber auf mehreren Wegen daraus befreien, ohne sich über den Rand mühen zu müssen. Einer ist der Tunneleffekt, mit dem ein Ding – ein Universum zum Beispiel – im Loch verschwindet und sofort außerhalb des Lochs auftaucht und weiter den Hügel hinunterrollt.

Zu diesem Szenario existieren viele konkurrierende Ideen. Allen gemein ist ein stark abstoßender antigravitativer Druck: Im falschen Vakuum wirkt das, was wir Dunkle Energie nennen. Sie treibt das inflationäre Universum an; erreicht es das wahre Vakuum, muss alle darin enthaltene Energie irgendwohin entweichen. Im inflationären Szenario löst sie den Feuerball aus Teilchen und Strahlung aus, den wir Urknall nennen.

Vielleicht haben Sie es selbst schon erlebt: Eine Achterbahn startet hoch oben, randvoll mit potenzieller Gravitationsenergie. Sie fahren abwärts und beschleunigen, die potenzielle Energie wird zu kinetischer Energie. Das entspricht der Inflation im Universum vor dem Urknall. Wenn Sie die Talsohle erreichen, läuft der Wagen normalerweise langsam bis zum Stehen aus. Doch stellen Sie sich vor, stattdessen wäre dort eine Mauer. Beim Aufprall entwiche auf einen Schlag alle Energie in einer Explosion, die alle an Bord töten würde.

TOD DURCH ZERFALL DES VAKUUMS

Von Zeit zu Zeit kommen neue Hypothesen zum Ende des Universums auf. In einer geht es um das echte und das falsche Vakuum, das unser Universum in Gang setzte. Was, wenn unser Universum nur in einem falschen Vakuum existiert? Ein hochenergetisches Ereignis könnte es aus dem Loch auf die Fahrt zum wahren Vakuum stupsen und dabei einen Feuerball auslösen, der das Universum ausradiert. Es könnte theoretisch auch die Wand des Lochs durchtunneln und ohne Anstoß zum wahren Vakuum rutschen, was wieder in einer Katastrophe enden würde, da das wahre Vakuum alles augenblicklich auslöscht.

Die gute Nachricht ist, dass die Lebensdauer eines Universums im Loch das derzeitige Alter unseres Universums voraussichtlich lange übertrifft. Sie können heute Nacht also ruhig schlafen.

Berechnungen legen nahe, dass die in einem falschen Vakuum enthaltene Energie gewaltig sein kann – die in einem Kubikzentimeter enthaltene Energie ist größer als alle Energie des beobachtbaren Universums. Das genügt, um mehr als nur ein Universum zu erschaffen.

In den frühen Tagen der Inflationshypothese bestand eine der Schwierigkeiten darin, die Inflation wieder zu beenden. Diese Herausforderung nannte man höflich das Problem des eleganten Ausstiegs. Das Energiediagramm für dieses Szenario gleicht einem flachen Hügel, an dessen Fuß das wahre Vakuum wartet. Das langsame Hinunterrollen dorthin ermöglicht einen eleganten Ausstieg nach dem Durchtunneln des Lochs – des falschen Vakuums.

VOR DEM URKNALL

Wir haben nun ausreichend Informationen, um eine weitere dieser rätselhaften kosmologischen Fragen anzugehen: Was existierte vor dem Urknall?

Für einige Wissenschaftler ist der Versuch, diese Frage zu beantworten und allein sie zu stellen, völliger Unsinn. Um Augustinus zu zitieren: »Die Welt wurde nicht in der Zeit erschaffen, sondern gleichzeitig mit der Zeit. Es gibt keine Zeit vor der Welt.« Wenn die Zeit erst mit dem Urknall entstand, ist es auch sinnlos, über die Zeit davor zu sprechen. Das ist eine Frage wie: »Was ist nördlich des Nordpols?« Egal in welche Richtung, Sie gehen von dort immer nach Süden. Selbst in einem Hubschrauber kommen Sie nur über den Nordpol, aber nicht nördlich davon. Der Punkt ist nicht, dass es nördlich des Nordpols nichts gibt, sondern dass es nicht einmal nichts nördlich davon gibt. Schon die Prämisse der Frage ist von Natur aus falsch.

Denken Sie an das Universum von Pinocchio mit seinem Langnasen-Lügendetektor. Auch dort sind nicht alle Fragen gültig, manche führen zu logischen Ungereimtheiten.

Das Szenario des Falsches-Vakuum-Universums ermöglicht uns zumindest, diese unzulässige Frage zu formulieren. Die offensichtliche Antwort auf die so gestellte Frage, was vor dem Urknall war: »das Quantenvakuum«. Dieser Zustand bestand vermutlich schon vor dem Zerfall des falschen Vakuums.

Wie könnte man eine solche Annahme verifizieren? Ein Weg wäre, im heutigen Universum etwas zu finden, das auf dem Zustand des Universums vor dem Urknall beruht und wir messen können – was leider der Suche nach dem Rauch des Colts gleicht (und nicht einmal nach dem rauchenden Colt selbst). Leider verhindert das die Inflation grundsätzlich. Wie? Warum?

Das frühe Universum erlebte Schwingungen und Expansion, was hier versucht wurde, künstlerisch-abstrakt darzustellen.

Stellen Sie sich einen leeren Luftballon vor, mit allen möglichen Falten und Furchen. Wenn wir ihn aufblasen, hielte ihn ein winziges Wesen wie eine Ameise, die darauf herumkrabbelt, für glatt und flach. Die Bewohner der Erde wissen von Bildern aus dem Weltraum und durch andere Methoden, dass die Erde eine Kugel ist. Aber wir sind so klein, dass uns das Land örtlich als flach erscheint. Wenn der Ballon aufgeblasen ist, sind die Falten verschwunden, zumindest weitgehend, egal wie runzlig er anfangs war. Genauso ist es, wenn wir das Universum nach der Inflation betrachten. Jeglicher Hinweis auf das Zuvor ist sozusagen glatt gespannt, es ist unmöglich festzustellen, wie das Universum anfing.

Auf dem Boden sieht die Erde flach aus, aus dem Weltraum ist ihre Krümmung erkennbar – wie hier von der Internationalen Raumstation aus.

Neil deGrasse Tyson ✔
@neiltyson

If Pinocchio said, "My nose is about to grow!" I wonder what would actually happen.

💬 2.5K   🔁 5.7K   ♡ 47.3K   3:43 PM - Apr 20, 2020

Wenn Pinocchio sagt: »Meine Nase wächst«, frage ich mich,
was tatsächlich passiert.

Selbst wenn wir einen Vakuumenergie-Anfang des Universums annehmen, steht die nächste Frage im Raum: Warum zerfiel das falsche Vakuum, als es zerfiel? Wenn der Vakuumzustand zuvor unendlich lange existierte, warum gebar er dann vor 13,8 Milliarden Jahren das Universum und nicht zu einem anderen Zeitpunkt? Wir stoßen hier genauso wie bei allem anderen an eine philosophische und wissenschaftliche Grenze.

Letztendlich könnten Fragen über das Wie und Was vor dem Beginn des Universums unbeantwortbar sein, unabhängig davon, ob es überhaupt sinnvoll ist, diese Frage zu stellen.

DAS MULTIVERSUM

Angesichts der breiten Akzeptanz der Inflationsidee und des ungeheuren Erfolgs der Quantenphysik, die hilft, die Realität zu verstehen, wie bizarr sie auch sei, behaupten wir, dass diese beiden Fakten den Ursprung des Universums steuern. Kombiniert man die beiden Konzepte, ergibt sich eine verblüffende Prognose: die Existenz anderer Universen.

Kehren wir zum Ball am Hügel zurück. In der newtonschen Welt beschreiben Position und Geschwindigkeit den Zustand des Balls. Beides ist gleichzeitig mit beliebiger Genauigkeit bestimmbar. In der Quantenwelt ist so eine Beschreibung aufgrund der Unschärferelation unmöglich. Folglich wird sein Zustand in Form von Wahrscheinlich-keiten beschrieben. Solange seine Position nicht gemessen ist, können wir annehmen, dass er in allen möglichen Zuständen und in allen gleichzeitig existiert.

Wie steht es nun in der Quantenwelt mit dem Ball bei seinem Abstieg vom falschen zum wahren Vakuum? Es besteht eine hohe Wahrscheinlichkeit, dass der Ball hinabrollt, aber auch eine kleine, dass er das Loch nicht verlassen hat.

Falls Sie das verwirrt: Willkommen im Klub! Die Quantenwelt gleicht nicht der uns bekannten Welt. Das Universum ist nicht ver-pflichtet, für uns Sinn zu ergeben. In einem unendlichen Ensemble von Universen sind alle Möglichkeiten irgendwo realisiert – egal wie unwahrscheinlich sie sind. Im simplen Modell mit nur zwei Ergeb-nissen gibt es im Quantenvakuum Stellen mit einem Urknall-Feuer-ball und andere, an denen das System im falschen Vakuum bleibt. Das Resultat ist eine Ansammlung von Universen. Jedes entstand zu einer anderen Zeit, jedes ist für sich beobachtbar, so wie unseres, und alle werden vom sich rasant aufblähenden falschen Vakuum voneinander getrennt. Mit anderen Worten: Es gibt immer irgendwo eine Inflation. Ein Phänomen, das wir ewige Inflation nennen.

DER GROSSE RÜCKPRALL – DER BIG BOUNCE

So wie das Szenario des falschen Vakuums ist auch die Hypothese des Big Bounce ein Modell, das sich der Frage widmet, was vor dem Urknall geschah. Demzufolge soll sich das Universum, nachdem es einen bestimmten Punkt in der Expansion erreicht hat, wieder zusammenziehen und in eine unendlich kleine, heiße Masse verdichten, die eine erneute rasante Expansion auslöst. Diese Hypothese erlaubt es dem Universum, so etwas seit unendlich langer Zeit und für immer und ewig in der Zukunft zu wiederholen: ein endloser Kreis-lauf, ohne Anfang und ohne Ende.

Diese Vorstellung wird Multiversum genannt. Stellen Sie es sich als eine große Ansammlung von Blasen vor, die sich nie berühren, da die Inflation des dazwischenliegenden Raums sie getrennt hält. Im Prinzip könnte sich die Grundstruktur eines jeden Universums – die ganzen Gesetze der Physik und die fundamentalen Naturkonstanten wie Lichtgeschwindigkeit und die Ladung eines Elektrons – völlig von jener der anderen Universen unterscheiden. Das liefert uns die möglichen Antworten für ein weiteres lästiges Problem der Kosmologie: das Problem der Feinabstimmung.

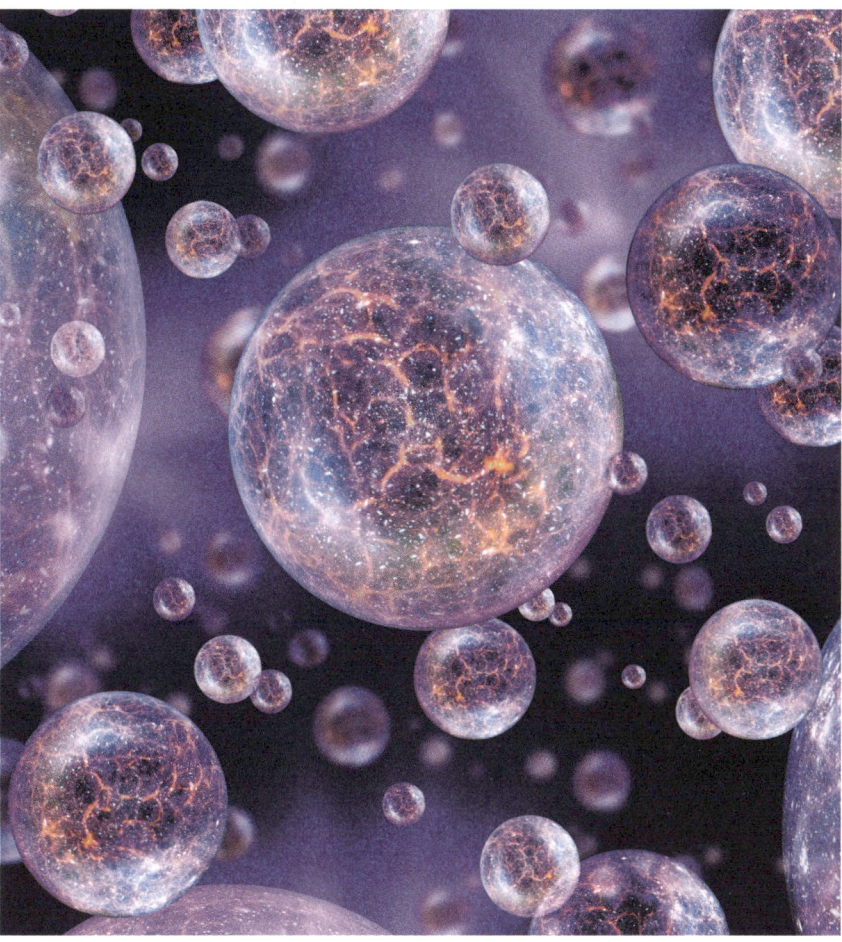

Das Multiversum – eine unendliche Menge an Universen – könnte aus nebeneinander existierenden, sich nie berührenden Blasen bestehen.

DAS PROBLEM DER FEINABSTIMMUNG

Wie sähe unser Universum aus, wäre die Gravitationskraft anders? Wäre sie stärker, hätte sie vielleicht bald nach dem Urknall alles wieder zurückgezogen. Für die Bildung von Sternen, Planeten und Leben wäre die Zeit zu kurz gewesen. Wäre sie schwächer, hätte sich die Materie nicht zu Galaxien vereint oder überhaupt Sterne oder Planeten gebildet.

Oder betrachten Sie die Ladung der Elektronen. Wäre sie viel schwächer, könnten sich keine Atome bilden. Wäre sie viel stärker, würden Atome vermutlich keine Elektronen austauschen und Moleküle formen, es gäbe so keine Chemie. In beiden Fällen gäbe es unser Leben nicht.

Die beiden Beispiele stehen für die Feinabstimmung des Universums. In der Wissenschaft widmet sich eine ganz Industrie der Frage, wie groß der Spielraum zwischen den verschiedenen Naturkonstanten ist, der Leben ermöglicht. Alle Berechnungen lassen nur einen Schluss zu: Die Bandbreite der möglichen Werte ist sehr gering, damit sich im Universum Leben bildet. Doch das Leben hat sich entwickelt – wie könnten Sie das hier sonst lesen? Das schmale Band der erlaubten Werte mit der Präsenz von Leben in Einklang zu bringen wird als Feinabstimmungsproblem bezeichnet. Die Rettung ist das Multiversum.

Wenn es unzählige Universen gibt, jedes mit anderen physikalischen Gesetzen und Naturkonstanten, dann gibt es in einigen auch zufällig eine Kombination von Gesetzen und Konstanten, die in dieses schmale Band fallen, das Leben erlaubt. In diesen Universen könnte sich das Leben auch wundern, warum ihr Universum so fein abgestimmt ist.

Diese Lösung für das Feinabstimmungsproblem ist die kosmologische Version dessen, was Statistiker Zielscheibenfehler nennen. Stellen Sie sich vor, jemand schießt mehrmals wahllos auf eine Scheune. Danach geht ein anderer hin und zeichnet eine Zielscheibe um mehrere Einschusslöcher, die zufällig nahe beieinanderliegen. Es wäre albern, danach dem Schützen zu seiner Genauigkeit zu gratulieren. Aus demselben Grund sollte man nicht unser Universum hervorheben, nur weil es zufällig zu den wenigen gehört, die Leben bilden und erhalten können. Die Zielscheibe sucht und positioniert sich auf dem einzigen Universum, das mit seiner Existenz vereinbar ist.

Eine Rotnasenmeerkatze im Blätterdach des Regenwaldes von Äquatorialguinea. Die fein abgestimmten Gesetze der Physik ermöglichen die komplexen Moleküle, die für die Bildung und Evolution des Lebens nötig sind.

KATEGORIEN DES MULTIVERSUMS

Um ein wenig Ordnung in dieses neue Grenzgebiet zu bringen, musste sich jemand ein Klassifizierungsschema ausdenken. In diesem Fall war das der schwedisch-amerikanische Astrophysiker Max Tegmark. Er schlug folgende vier Kategorien vor:

STUFE 1 | Zwischen dem Rand unseres beobachtbaren Universums und der größeren Universumsblase, die es umhüllt, liegen viele andere Universen, die sich von unserem nicht völlig unterscheiden. Wir sehen sie nicht und sie uns nicht. Alle existieren in ihrem eigenen Bereich. Stufe-1-Multiversen gleichen den verstreuten Schiffen auf dem Meer, die in allen Richtungen ihren Horizont sehen, aber so weit voneinander entfernt sind, dass keiner den anderen sieht, obwohl sie alle denselben Ozean befahren.

Sie stammen aus dem gleichen physikalischen Stoff wie wir – sagen unsere Gleichungen. Doch der Ausgangszustand könnte sich unterscheiden. Einige könnten etwa andere Materie-Energie-Kombinationen besitzen oder genügend Masse, damit ihre Gravitation ihre Expansion aufhält, was sie zum Teil des Big-Bounce-Klubs der Universen macht. Falls es unendlich viele dieser Universen gibt, dann sind darin alle möglichen Kombinationen aus Materie, Bewegung und Energie verwirklicht.

Das heißt, dass es dort draußen zum Beispiel ein Universum mit einer weiteren Version von Ihnen gibt, die aber ein anderes Buch liest und lila Haare hat. Es könnten sogar zahllose Versionen sein, mit denselben Erinnerungen, die Entscheidungen treffen, die Sie gerne getroffen hätten. Die Möglichkeiten sind endlos. Das ist das Multiversum der Science-Fiction-Leser: endlos parallele Universen. Und das ist erst die erste von vier Stufen.

STUFE 2 | Ein Multiversum der Stufe 2 enthält viele Universumsblasen und wird von einer ewigen Inflation generiert. Eine jede Blase enthält ihre eigenen Stufe-1-Universen und kann eine verschiedene Anzahl von Dimensionen offenbaren, genauso wie andere physikalische Konstanten, die das Verhalten und die Struktur von Materie und Energie darin komplett verändern.

Ansonsten herrschen darin dieselben Gesetze und Gleichungen wie bei uns. Doch die endlose Palette an Grundkonstanten bringt uns zu einer simplen Lösung für das Problem der Feinabstimmung: Finden Sie einfach die Blase mit den physikalischen Konstanten, die Leben ermöglichen, und darin das Universum, dessen Ausgangszustand Sterne und Planeten hervorbrachte. Das könnte das Universum sein, in dem Sie leben.

STUFE 3 Das Stufe-3-Multiversum wird oft als die Viele-Welten-Hypothese bezeichnet. Es ist ein Nebeneinander aller Stufe-2-Multiversen. In diesem Konstrukt realisieren sich alle Quantenzustände jederzeit als Verzweigungspunkt. Das heißt, jede Aktion und Entscheidung in einer Welt führt augenblicklich zu einer Aufspaltung in andere Universen mit anderen Ergebnissen dieser einen Aktion. Ein Neuronenfeuer in unserem Universum kann den Unterschied zwischen einer lebensverändernden Tat und einer anderen ausmachen. An was auch immer Sie sich erinnern, nachdem Sie dies hier lasen, Sie können sich ein anderes »Sie« in einem weit entfernten Paralleluniversum vorstellen, das eine andere Entscheidung traf, dessen Neuron auf eine andere Art und Weise feuerte und dessen Leben danach völlig anders ist als das Ihre.

STUFE 4 Dies sind Multiversen, die mit allen möglichen mathematischen Strukturen assoziiert werden. In einem Stufe-4-Universum könnten Newtons Gesetze viele Formen annehmen. Die Gravitation beruht zum Beispiel nicht auf der Masse der Dinge. Oder es gibt Orte, an denen Systeme von Natur aus mit der Zeit geordneter werden. Das wäre verrückt. Dort Ereignisse zu beobachten wäre wie einen Film rückwärts anzusehen. Omelette würde sich zerlegen und wieder zu Eiern werden. Scherben einer zerbrochenen Tasse auf dem Boden würden sich spontan zusammensetzen und auf den Tisch zurückspringen.

Die ganze Trickkiste eines Multiversums der Stufe 4 liegt weit jenseits unserer physikalischen oder gar philosophischen Fähigkeiten, sie zu veranschaulichen.

IST DAS WIRKLICH WISSENSCHAFT?

Theoretische Physik ist mit unserem bescheidenen Gehirn und unserer im Verhältnis zum Universum winzigen Lebenszeit oft schwer zu begreifen. Dann springen Philosophen ein und nehmen sich der Sache an. Lesen Sie Texte zu Multiversen, so stolpern Sie schnell über Verweise auf den Philosophen und Theologen Wilhelm von Ockham aus dem 14. Jahrhundert, der erklärt haben soll: »Vielfalt sollte nicht ohne Not postuliert werden.« Oder, falls Ihnen Latein lieber ist: *»Pluralitas non est ponenda sine necessitate.«* Würde er heute leben, hätte er bestimmt das KISS-Prinzip erfunden: *»Keep it simple, stupid!«* (»Halte es einfach, Dummkopf!«) Ockham forderte damit eine gründliche Realitätsprüfung der Komplexität unserer Ideen.

Sind wir zu weit gegangen? Zu viel Mutmaßung und Philosophie? Alle vier Multiversumsstufen enthalten Systeme, mit denen wir nicht einmal im Prinzip kommunizieren können. Der zentrale Grundsatz wissenschaftlicher Methodik ist, alle Behauptungen in Versuchen und Beobachtungen zu überprüfen. Wie können dann Aussagen über Multiversen wissenschaftlich sein?

Und seien wir ehrlich – je weiter wir uns vom Multiversum der Stufe 1 entfernen, desto größer wird unsere Unwissenheit.

Die Kritiker der Idee von Multiversen verweisen darauf, dass diese Prognosen nie überprüft werden können – demnach keine Wissenschaft sind. Doch die Unterstützer verweisen darauf, dass diese Theorie sehr wohl durch die Quantenmechanik und das inflationäre Universum gestützt wird. Zudem ist es nicht nötig, dass jede Vorhersage verifiziert ist, bevor die Theorie anerkannt ist. In den 1920er-Jahren akzeptierte die Physikergemeinde zum Beispiel die allgemeine Relativitätstheorie, aufgrund von nur zwei Überprüfungen: Eigenarten in der Umlaufbahn des Merkurs und die Ablenkung des Sternenlichts während der Sonnenfinsternis 1919. Alle anderen Triumphe dieser Theorie – Schwarze Löcher, gravitative Rotverschiebung, Gravitationswellen etc. – folgten erst Jahrzehnte später.

Einige astronomische Ereignisse erlauben Wissenschaftlern, ihre Ideen zu überprüfen, so wie diese Sonnenfinsternis im Zeitraffer. 1919 lieferte eine Sonnenfinsternis einen Beleg für Einsteins neue Theorie, wie die Gravitation der Sonne Licht ablenkt.

FÜR DIE VÖGEL

Der Physiker Richard Feynman sagte einst, »die Wissenschaftstheorie ist für die Wissenschaftler so nützlich wie die Ornithologie für Vögel«.

Natürlich denken die theoretischen Physiker – ein schlauer Haufen – bereits darüber nach, wie man im beobachtbaren Universum Phänomene nachweisen könnte, die auf die Existenz anderer Universen hinweisen. Ein Beispiel: Wenn unser Universum in ferner Vergangenheit zufällig mit einem anderen Universum kollidierte, könnten charakteristische Abdrücke dieser Begegnung im kosmischen Mikrowellenhintergrund zu sehen sein. Sie suchen noch immer.

Viele Fragen zu unserem eigenen Universum – vielleicht nur eines unter unendlich vielen – sind noch zu beantworten. Wir bitten Sie, lieber Leser, weiterhin neugierig zu bleiben und die unmöglichsten Fragen zum Kosmos zu stellen. Denn das Ziel unseres kurzen Lebens sind nicht die Antworten, sondern neue Sichtweisen, um Fragen zu formulieren, die wir uns bisher nicht vorstellen konnten. Während Sie auf dieser Reise Ihre eigene kosmische Perspektive suchen, bitten wir Sie, wie immer, den Blick weiterhin nach oben zu richten.

Lassen Sie uns nach all diesen unzähligen Beobachtungen, Berechnungen, Technologien, Hypothesen und Theorien einen Moment in vollkommener Stille zu den Sternen aufschauen.

DANKSAGUNG

W as für eine Freude, mit den Redakteuren und Designern von National Geographic Books zusammenzuarbeiten! Autoren haben ja insgeheim die Sorge, dass ihr Verleger den sorgfältig ausgearbeiteten Entwurf verändern will. Aber die Leute bei Nat Geo wissen, was sie tun. Sie helfen einem zu sagen, was man meint, und zu meinen, was man sagt. Noch wichtiger: Ihre Kreativität wertet die Worte mit Design- und Bildelementen auf, die das fertige Buch auf eine für die Autoren ungeahnte Weise glänzen lassen. Das ist Zusammenarbeit vom Feinsten. Das ist *StarTalk*, aufgewertet durch National Geographic. Vor allem die Vizechefredakteurin Hilary Black sowie die Redakteurinnen Susan Hitchcock und Moriah Petty unterstützten uns beim Schreiben und orientierten sich an der Marke *StarTalk,* wo immer es erforderlich war, während die Redakteurin Heather McElwain, die leitende Produktionsredakteurin Judith Klein und die Redaktionsleiterin Jennifer Thornton dafür sorgten, dass sich der Ton des Buches nicht zu weit von literarischen Normen entfernte. Und nicht nur das: Die Kreativchefin Melissa Farris, die Artdirektorin Sanaa Akkach, die Bilddirektorin Susan Blair und der Fotoredakteur Adrian Coakley setzten die Tradition von Nat Geo fort, durch Bildmaterial zu fesseln. In diesem Fall hat das geholfen, das Universum auf die Erde herunterzuholen.

Vorherige Seiten: Das strahlende Herz unserer Milchstraße.

WEITERFÜHRENDE LITERATUR

KAPITEL 1

Koestler, Arthur, *Die Nachtwandler. Das Bild des Universums im Wandel der Zeit,* 1959

Sobel, Dava, *Das Glas-Universum. Wie die Frauen die Sterne entdeckten,* 2017

Tyson, Neil deGrasse, *Stick-in-the-Mud Science,* in *Natural History 112,* Nr. 2, S. 32ff, 2003

Webb, Stephen, *Measuring the Universe. The Cosmological Distance Ladder,* 1999

KAPITEL 2

Hawkins, Gerald, *Merlin, Märchen und Computer. Das Rätsel Stonehenge gelöst?,* 1983

Levin, Janna, *Black Hole Blues and Other Songs from Outer Space,* 2016

Magli, Giulio, *Magie der Sterne und Steine,* 2013

Selin, Helaine (Hg.), *Astronomy Across Cultures. The History of Non-Western Astronomy,* 2000

KAPITEL 3

Randall, Lisa, *Dunkle Materie und Dinosaurier. Die erstaunlichen Zusammenhänge des Universums,* 2016

Rubin, Vera, *Bright Galaxies, Dark Matters,* 1996

Stern, Alan und David Grinspoon, *Chasing New Horizons. Inside the Epic First Mission to Pluto,* 2018

Stern, Alan et al., *Overview of Initial Results from the Reconnaissance Flyby of a Kuiper Belt Planetesimal: 2014 MU69,* online erhältlich unter arxiv.org/pdf/1901.02578.pdf

Tyson, Neil deGrasse und Donald Goldsmith, *Origins. Fourteen Billion Years of Cosmic Evolution,* 2004

Williams, Jonathan P. und Lucas A. Cieza, *Protoplanetary Disks and their Evolution,* in *Annual Review of Astronomy and Astrophysics,* Vol. 49, Nr. 1, S. 67–117, 2011

KAPITEL 4

Balbi, Amedeo, *The Music of the Big Bang. The Cosmic Microwave Background and the New Cosmology,* 2008

Guth, Alan, *Die Geburt des Kosmos aus dem Nichts. Die Theorie des inflationären Universums,* 1999

Riess, Adam G. et al., *Observational Evidence from Supernovae for an Accelerating Universe and a Cosmological Constant,* online erhältlich unter iopscience.iop.org/article/10.1086/300499/pdf

KAPITEL 5

Bartusiak, Marcia, *Einsteins »Unvollendete«. Das letzte Rätsel der Relativitätstheorie,* 2005

Feynman, Richard P. und Steven Weinberg, *Elementary Particles and the Laws of Physics: The 1986 Dirac Memorial Lectures,* 1987

Greene, Brian, *Das elegante Universum. Superstrings, verborgene Dimensionen und die Suche nach der Weltformel,* 2000

Riordan, Michael, *The Hunting of the Quark. A True Story of Modern Physics,* 1987

Tegmark, Max und John Archibald Wheeler, *100 Years of Quantum Mysteries,* online erhältlich unter space.mit.edu/home/tegmark/PDF/quantum.pdf

KAPITEL 6

Bostrom, Nick, *Ethical Issues in Advanced Artificial Intelligence,* online erhältlich unter www.fhi.ox.ac.uk/wp-content/uploads/ethical-issues-in-advanced-ai.pdf

Dodd, Matthew S. et al., *Evidence for Early Life in Earth's Oldest Hydrothermal Vent Precipitates,* in *Nature,* 543, 2017, S. 60–64

Koshland, Daniel E., Jr., *The Seven Pillars of Life,* in *Science,* Vol. 295, Nr. 5563, 2002, S. 2215–16. Online erhältlich unter science.sciencemag.org/content/295/5563/2215.full

Kurzweil, Ray, *Menschheit 2.0: die Singularität naht,* 2013

KAPITEL 7

Hand, Kevin Peter, *Alien Oceans: The Search for Life in the Depths of Space,* 2020

McKay, Chris P., *What Is Life—and How Do We Search for It in Other Worlds?,* in *PLoS Biology,* Vol 2, Nr. 9, 2004, S. 260–63. Online erhältlich unter www.ncbi.nlm.nih.gov/pmc/articles/PMC516796/pdf/pbio.0020302.pdf

Scoles, Sarah, *Making Contact: Jill Tarter and the Search for Extraterrestrial Intelligence,* 2000

Trefil, James und Michael Summers, *Imagined Life: A Speculative Scientific Journey among the Exoplanets in Search of Intelligent Aliens, Ice Creatures, and Supergravity Animals,* 2019

KAPITEL 8

Borissov, Guennadi, *The Story of Antimatter: Matter's Vanished Twin*, 2018

Feynman, Richard, *QED: die seltsame Theorie des Lichts und der Materie*, 2018

Greenstein, George und Arthur Zajonc, *The Quantum Challenge: Modern Research on the Foundations of Quantum Mechanics*, 2005

KAPITEL 9

Levin, Janna, Evan Scannapieco und Joseph Silk, *The Topology of the Universe: The Biggest Manifold of Them All, in Classical and Quantum Gravity*, Vol. 15, 1998, S. 2689–98

Oppenheimer, Clive, *Climatic, Environmental And Human Consequences of the Largest Known Historic Eruption: Tambora Volcano (Indonesia) 1815*, in *Progress in Physical Geography: Earth and Environment*, Vol. 27, Nr. 2, 2003, S. 230–59

Schmidt, Nikola (Hg.), *Planetary Defense: Global Collaboration for Defending Earth from Asteroids and Comets*, 2019

KAPITEL 10

Bojowald, Martin, *What Happened Before the Big Bang?*, in *Nature Physics*, Nr. 3, 2007, S. 523–25. Online erhältlich unter www.nature.com/articles/nphys654

Tegmark, Max, *Parallel Universes*, in *Scientific American*, Mai 2003, S. 40–51. Online erhältlich unter space.mit.edu/home/tegmark/PDF/multiverse_sciam.pdf

Tegmark, Max und Nick Bostrom, *Is a Doomsday Catastrophe Likely?*, in *Nature*, Nr. 438, 2005, S. 754. Online erhältlich unter www.nature.com/articles/438754a

BILDNACHWEIS

Titel, ESA/Hubble & NASA (digital bearbeitet); Rücken, Daniel Douglas; 2–3, The SXS (Simulating eXtreme Spacetimes) Project; 6, Adam Woodworth/Cavan Images; 8, Steve Gschmeissner/Science Source; 10, Mary Evans Picture Library/Science Source; 12–13, NASA-Bild, nachbearbeitet von J. Marshall – Tribaleye Images/Alamy Stock Photo; 14, Privatsammlung/Bridgeman Images; 17, J. B. Spector/Museum of Science and Industry, Chicago/Getty Images; 18, Privat-sammlung/Bridgeman Images; 20, NASA/Bill Anders; 21, New York Public Library/Science Source; 23, Babak Tafreshi/National Geographic Image Collection; 24, Encyclopaedia Britannica/Universal Images Group via Getty Images; 26, NASA/JPL-Caltech/R. Hurt (IPAC); 29, ESO/S. Brunier; 31, Schlesinger Library, Radcliffe Institute, Harvard University; 32, Bild mit Genehmigung der Observatories of the Carnegie Institution for Science Collection an der Huntington Library, San Marino, California; 34, NASA/JPL-Caltech/R. Hurt (SSC/Caltech); 37, NASA, ESA und S. Beckwith (STScI) und HUDF Team; 38–9, Babak Tafreshi/National Geographic Image Collection; 40, akg-images/North Wind Picture Archives; 42, Richard T. Nowitz/National Geographic Image Collection; 44, Smithsonian Libraries, Washington DC, USA/Bridgeman Images; 45, NASA/JPL-Caltech/UCLA; 46, Charles Walker Collection/Alamy Stock Photo; 48, Biblioteca Nazionale Centrale, Florenz, Italien/De Agostini Picture Library/Bridgeman Images; 49, Jean-Leon Huens/National Geographic Image Collection; 51, NASA/JPL/University of Arizona; 53, Craig P. Burrows; 56, New York Public Library/Science Source; 58, Liu Xu/Xinhua via Getty Images; 63, NASA/JPL-Caltech; 64, Christian Offenberg/Alamy Stock Photo; 65, NSF/LIGO/Sonoma State University/A. Simonnet; 67, Dave Yoder/National Geographic Image Collection; 68, NASA/MSFC/David Higginbotham/Emmett Given; 71, ESO/L. Calçada; 72–3, Moonrunner Design/National Geographic Image Collection; 74, SPL/

Science Source; 79, Henning Dalhoff/Bonnier Publications/Science Source; 80, William Turner/Getty Images; 83, mit Genehmigung der Carnegie Institution for Science Department of Terrestrial Magnetism Archives; 87, NASA, ESA, M. Livio und das Hubble-20th-Anniversary-Team (STScI); 89, NASA, ESA, J. Debes (STScI), H. Jang-Condell (University of Wyoming), A. Weinberger (Carnegie Institution of Washington), A. Roberge (Goddard Space Flight Center), G. Schneider (University of Arizona/Steward Observatory) und A. Feild (STScI/AURA); 92, Lynette Cook/Science Source; 94, NASA/Johns Hopkins University Applied Physics Laboratory/Southwest Research Institute; 96, Detlev van Ravenswaay/Science Source; 98–9, Adolf Schaller für STScI; 100, mit Genehmigung von KIPAC. Simulation: John Wise, Tom Abel. Visualisierung: Ralf Kaehler; 104, NASA; 106, ESA und die Planck Collaboration; 109, David Parker/Science Source; 112, ESA-D. Ducros, 2013; 113, ESA/Gaia/DPAC; 114, David A. Hardy/Science Source; 116, NASA's Goddard Space Flight Center; 119, Maximilien Brice, CERN/Science Source; 124, Ken Eward; 126–7, Pasieka/Science Source; 128, NASA, ESA und H. Bond (STScI); 131, aluxum/Getty Images; 137, David Parker/Science Source; 138, Jose Antonio Penas/Science Source; 142, Science & Society Picture Library/Getty Images; 143, NYPL/Science Source; 144, David Parker/Science Source; 148, Science & Society Picture Library/Getty Images; 149, mit Genehmigung von Particle Fever; 152–3, IKELOS GmbH/Dr. Christopher B. Jackson/Science Source; 154, The Picture Art Collection/Alamy Stock Photo; 157, Roger Ressmeyer/Corbis/VCG via Getty Images; 159, Lynette Cook/Science Source; 161, NASA Photo/Alamy Stock Photo; 162, Keith Chambers/Science Source; 165, Steve Gschmeissner/Science Source; 168, Greg Lecoeur/National Geographic Image Collection; 171, Philippe Psaila/Science Source; 175, Mark Garlick/Science Source; 177, NOAA Okeanos Explorer Program/Science Source; 178, Eye of Science/Science Source; 180–81, Babak Tafreshi/National Geographic Image Collection; 182, NASA/JPL-Caltech; 185, NASA/JPL-Caltech; 187, Moviestore Collection Ltd/Alamy Stock Photo; 188, Lowell Observatory Archives; 189, ESA/DLR/FU Berlin; 190, Dr. Seth Shostak/Science Source; 192, Zoediak/

Getty Images; 193, NASA/JPL-Caltech/MSSS; 194, Chris Butler/Science Source; 196, Frans Lanting/MINT Images/Science Source; 199, mit Genehmigung von Lucasfilm Ltd. STAR WARS© & TM Lucasfilm Ltd.; 201, mit Genehmigung von Ohio History Connection, AL07146; 204, NASA/JPL-Caltech; 206, Bettmann/Getty Images; 209, Mark Garlick/Science Source; 211, Lynette Cook/Science Source; 212–13, agsandrew/Shutterstock; 214, Illustris Collaboration via ESO; 216, Henning Dalhoff/Bonnier Publications/Science Source; 218, Keystone-France/Gamma-Rapho via Getty Images; 223, Richard Kail/Science Source; 226, CERN, Maximilien Brice und Julien Marius Ordan/Science Source; 228, AIP Emilio Segrè Visual Archives, Margrethe Bohr Collection/Science Source; 231, Carol und Mike Werner/Science Source; 234, NASA, ESA, N. Smith (University of California, Berkeley), und das Hubble-Heritage-Team (STScI/AURA); 236–7, Mark Stevenson/Stocktrek Images/Science Source; 238, Detlev van Ravenswaay/Science Source; 242, Charles Preppernau; C. R. Scotese PALEOMAP Project; 245, Neil deGrasse Tyson; 246, Michael Nichols/National Geographic Image Collection; 248, Alan Copson/Jon Arnold Images Ltd/Alamy Stock Photo; 252, Spencer Sutton/Science Source; 255, Robert Clark/National Geographic Image Collection; 258, Tomasz Dabrowski/Stocktrek Images/National Geographic Image Collection; 261, Mikkel Juul Jensen/Science Source; 262, Paul Zizka/Cavan Images; 264–5, Dr. Dieter Willasch (astro-cabinet.com); 266, Fermilab; 269, Privatsammlung/Bridgeman Images; 271, James King-Holmes/Science Source; 273, AP Photo/John Raoux; 277, Jen Stark/»Abyss« (Detail), 2011, säurefreies handgeschnittenes Holz, säurefreie Leichtschaumplatte, Kleber, Licht, 20 x 20 x 33 in; 278, NASA Foto bearbeitet von Stuart Rankin; 281, Detlev van Ravenswaay/Science Source; 283, Tim Laman/NPL/Minden Pictures; 287, Philip Hart/Stocktrek Images/National Geographic Image Collection; 288, Paranyu Pithayarungsarit/Getty Images; 290–1, NASA, ESA und T. Brown (STScI), W. Clarkson (University of Michigan-Dearborn), A. Calamida und K. Sahu (STScI).

REGISTER

ÜBER DIE AUTOREN

NEIL DEGRASSE TYSON ist Astrophysiker und Direktor des Hayden Planetarium am American Museum of Natural History in New York. Er schrieb mehr als ein Dutzend Bücher, von denen viele internationale Bestseller wurden, außerdem zahlreiche Artikel, sowohl für ein wissenschaftliches als auch für ein breites Publikum. Er ist Gastgeber bei *StarTalk,* einem Podcast, und er präsentierte zwei Staffeln von *Kosmos,* die bei Fox und National Geographic ausgestrahlt wurden. Neil deGrasse Tyson wurde mit 21 Ehrendoktortiteln ausgezeichnet und mit der Distinguished Public Service Medal der NASA. Er lebt mit seiner Frau in New York City.

JAMES TREFIL ist Clarence-J.-Robinson-Professor für Physik an der George Mason University und ein international anerkannter Experte dafür, komplexe wissenschaftliche Theorien verständlich zu machen. Er ist Autor zahlreicher populärwissenschaftlicher Artikel und Bücher, darunter der *Space Atlas* und *Ziemlich genial: Wie Erfindungen die Welt verändern,* die beide bei National Geographic erschienen sind. Er lebt mit seiner Frau in Fairfax, Virginia.